ZHILIAO ZIZHU FUXIE
ZHONGYAO FUFANG DE SHAIXUAN JI YINGYONG

治疗仔猪腹泻

中药复方的筛选及应用

董发明 ● 著

化学工业出版社

·北京·

图书在版编目（CIP）数据

治疗仔猪腹泻中药复方的筛选及应用/董发明著
.—北京：化学工业出版社，2020.3
ISBN 978-7-122-36153-0

Ⅰ.①治…　Ⅱ.①董…　Ⅲ.①中兽医学-复方（中药
）-应用-仔猪-猪病-腹泻　Ⅳ.①S858.283.91

中国版本图书馆 CIP 数据核字（2020）第 023498 号

责任编辑：邵桂林　　　　　　　　文字编辑：陈小滔　药欣荣
责任校对：张雨彤　　　　　　　　装帧设计：韩　飞

出版发行：化学工业出版社（北京市东城区青年湖南街 13 号　邮政编码 100011）
印　　　刷：北京京华铭诚工贸有限公司
装　　　订：三河市振勇印装有限公司
850mm×1168mm　1/32　印张 8　字数 143 千字
2020 年 5 月北京第 1 版第 1 次印刷

购书咨询：010-64518888　　售后服务：010-64518899
网　　址：http://www.cip.com.cn
凡购买本书，如有缺损质量问题，本社销售中心负责调换。

定　　价：49.00 元　　　　　　　　　　　版权所有　违者必究

　　调查研究显示，仔猪在规模化猪场中的死亡率偏高，大概占到猪只总死亡数的65%～75%，仅因腹泻所造成的死亡仔猪数就达到25%。近年来，仔猪腹泻已成为猪场常见病，在集约化猪场、中小型猪场或乡村散养户中都有不同程度的发病情况，其发病率和死亡率均居仔猪疫病之首。而且大肠杆菌血清型比较多，致病原因复杂，因此给预防和治疗带来很大的难度。仔猪腹泻给养殖户带来严重的经济损失，不仅减轻体重效益，增加额外的药品支出，而且能在短期内对动物造成长期影响。

　　随着抗生素在临床上的滥用，不合理运用，细菌耐药性在全球范围内逐渐产生，耐药基因逐渐增多，整个畜牧业面临巨大的防控问题。

　　我国传统的中医、中药对世界卫生事业发展做出了突出贡献，是世界医学发展史上的奇迹。几千年来，中医、中药不仅保障了我国劳动人民的身体健康，同时还对畜禽养殖业正常持续发展起到了有利的推动作用。研究发现，中药具有广谱抗菌消炎的作用，属于天然药物，不易产生耐药性且种类繁多及作用靶位多，并有增强机体免疫力等优点。中药已成为解决细菌耐药性的一个有效方法。复方中药抗菌活性分子种类更多，作用靶点更广泛，且不同中药间具有较强的协同作用，所以复方中药抗菌效果优于单味中药。为了研究中药对仔猪腹泻的防治，对引起仔猪腹泻主要病原大肠杆菌多重耐药菌的抑制作用，对大肠杆菌耐药性产生的延缓作用，为中药复方防治猪病进行临床药物筛选提供帮助，我们进行本试验。

本书内容包括：规模化猪场仔猪腹泻的发病情况调查、猪源大肠杆菌的多重耐药性分析及中药对其耐药基因抑制作用的研究、黄连等 15 种中药对猪源多重耐药大肠杆菌的抗菌活性及耐药消除作用、芩黄颗粒的制备及质量检测、银黄可溶性粉的制备及体外抑菌试验、中药在防治猪腹泻上的应用等。

本书内容的研究得到河南省产学研合作计划项目（计划编号：162107000031）、洛阳惠德生物工程有限公司的资助（洛阳市科技局备案号：2015-410303-00298），得到河南科技大学动物科技学院领导的关心帮助，得到邱妍副教授、杨国栋博士、林霖高级实验师以及张炳亮、黄永志、李凯明、马艳杰、贾希希、邵兵、樊晓龙等研究生、本科生的帮助，在此表示感谢。化学工业出版社的工作人员为本书的出版付出了大量心血，在此向他们表示衷心的感谢。向本书参考文献的所有作者表示感谢和致敬。

由于笔者水平有限，书中难免存在不妥之处，敬请读者批
评指正。

著者
2020 年 2 月

目录

第一章 规模化猪场仔猪腹泻的发病情况调查

第一节 文献综述 1

一、仔猪流行性腹泻概况及研究进展 2

二、仔猪腹泻发病原因 5

三、仔猪腹泻的研究目的及意义 9

第二节 材料与方法 10

一、调查试验材料 10

二、调查试验方法及步骤 11

三、根据调查统计结果所采用的防治

措施 12

第三节 结果与分析 14

一、规模化猪场仔猪腹泻调查统计结果与

分析 14

二、仔猪腹泻非传染性因素的调查统计

结果与分析 —————————————— 17

三、仔猪腹泻病理学检测结果与分析 ——————— 20

四、规模化猪场仔猪腹泻的防治效果与

分析 ———————————————— 25

第四节 讨论 ——————————————————— 26

第五节 结论 ——————————————————— 28

第二章 猪源大肠杆菌综述

第一节 大肠杆菌概述 ——————————————— 29

一、大肠杆菌的危害 ——————————————— 31

二、大肠杆菌的致病机理 ————————————— 33

三、大肠杆菌的流行性特点 ———————————— 34

四、大肠杆菌的诊断 ——————————————— 35

五、大肠杆菌耐药性的研究现状 —————————— 36

六、致病性大肠杆菌的耐药机制 —————————— 37

第二节 中药抗菌研究进展 ———————————— 39

一、中药抗菌制剂的研究 ————————————— 40

二、中药抗菌活性成分 —————————————— 42

三、中药抗菌的作用机制 ————————————— 44

四、中药防控耐药菌感染的优势 —————————— 45

第三节 中药消除大肠杆菌耐药性的研究
进展 ------------ 46
一、中药单体消除大肠杆菌耐药性的研究
进展 ------------ 46
二、单味中药消除大肠杆菌耐药性的研究
进展 ------------ 47
三、复方中药消除大肠杆菌耐药性的研究
进展 ------------ 48
第四节 研究中药抗菌的目的和意义 ------------ 49

第三章 规模化猪场大肠杆菌的耐药性检测分析

第一节 试验材料 ------------ 53
一、材料来源 ------------ 53
二、主要培养基 ------------ 53
三、试验仪器准备 ------------ 53
四、细菌微量生化鉴定管 ------------ 54
五、主要药品 ------------ 54
第二节 试验方法 ------------ 55
一、主要培养基的配制 ------------ 55
二、大肠杆菌的分离培养 ------------ 55
三、大肠杆菌的革兰氏染色 ------------ 56

四、大肠杆菌的生化鉴定 ----------------- 57

五、攻毒菌的培养 ----------------------- 57

六、致病性试验 ------------------------- 57

七、抗生素的药敏试验 ------------------- 58

八、单味中药的药敏试验 ----------------- 59

九、中药组方的药敏试验 ----------------- 59

第三节　结果 ----------------------------- 60

一、大肠杆菌分离培养结果 --------------- 60

二、大肠杆菌生化鉴定结果 --------------- 61

三、大肠杆菌染色和镜检 ----------------- 62

四、菌种保存 --------------------------- 63

五、致病性试验结果 --------------------- 64

六、抗生素药敏试验结果 ----------------- 67

七、单味中药药敏试验结果 --------------- 71

八、中药组方药敏试验结果 --------------- 72

第四节　讨论与结论 ----------------------- 74

第四章　规模化猪场大肠杆菌多重耐药菌耐药基因的检测

第一节　试验材料 ------------------------- 77

一、试验用主要培养基 ------------------- 77

二、试验仪器 --------------------------- 78

三、试验用主要试剂 ———————————— 78

四、试验主要检测耐药基因 —————————— 78

五、PCR 引物 ——————————————— 79

第二节 方法 ———————————————— 80

一、菌种保存及 DNA 提取 ————————— 80

二、大肠杆菌耐药基因 PCR 扩增 ————— 82

第三节 结果 ———————————————— 83

一、大肠杆菌耐药基因 PCR 扩增结果 ——— 83

二、耐药基因 PCR 产物测序结果 ————— 84

第四节 讨论与结论 ———————————— 92

第五章 中药对致病性大肠杆菌多重耐药菌的抑制试验

第一节 试验材料 ———————————— 95

一、试验用主要培养基 ————————— 95

二、主要试验药物 ——————————— 95

三、试验用主要器材 —————————— 95

四、试验受试菌株 ——————————— 96

第二节 试验方法 ———————————— 96

一、试验用主要培养基的配制 —————— 96

二、试验用中药提取液的准备 —————— 96

三、中西药联合体外抑菌试验 —————— 97

第三节　结果 ⋯⋯⋯⋯⋯⋯⋯⋯⋯⋯⋯⋯⋯⋯⋯⋯⋯⋯⋯ 98

第四节　讨论与结论 ⋯⋯⋯⋯⋯⋯⋯⋯⋯⋯⋯⋯⋯⋯⋯⋯ 101

第六章　黄连等15种中药对猪源多重耐药大肠杆菌的抗菌活性试验

第一节　试验材料 ⋯⋯⋯⋯⋯⋯⋯⋯⋯⋯⋯⋯⋯⋯⋯⋯⋯ 106

一、细菌来源 ⋯⋯⋯⋯⋯⋯⋯⋯⋯⋯⋯⋯⋯⋯⋯⋯⋯⋯ 106

二、试验用主要培养基 ⋯⋯⋯⋯⋯⋯⋯⋯⋯⋯⋯⋯⋯ 106

三、试验用主要仪器 ⋯⋯⋯⋯⋯⋯⋯⋯⋯⋯⋯⋯⋯⋯ 106

四、试验用主要药品 ⋯⋯⋯⋯⋯⋯⋯⋯⋯⋯⋯⋯⋯⋯ 107

第二节　试验方法 ⋯⋯⋯⋯⋯⋯⋯⋯⋯⋯⋯⋯⋯⋯⋯⋯⋯ 107

一、试验用主要培养基的配制 ⋯⋯⋯⋯⋯⋯⋯⋯⋯ 107

二、猪源多重耐药大肠杆菌复苏 ⋯⋯⋯⋯⋯⋯⋯⋯ 108

三、试验用中药熬制 ⋯⋯⋯⋯⋯⋯⋯⋯⋯⋯⋯⋯⋯⋯ 108

四、测定中药对猪源多重耐药大肠杆菌
　　的最小抑菌浓度（MIC） ⋯⋯⋯⋯⋯⋯⋯⋯⋯ 109

第三节　结果 ⋯⋯⋯⋯⋯⋯⋯⋯⋯⋯⋯⋯⋯⋯⋯⋯⋯⋯⋯ 110

第四节　讨论与分析 ⋯⋯⋯⋯⋯⋯⋯⋯⋯⋯⋯⋯⋯⋯⋯⋯ 112

第五节　结论 ⋯⋯⋯⋯⋯⋯⋯⋯⋯⋯⋯⋯⋯⋯⋯⋯⋯⋯⋯ 116

第七章　中药对猪源大肠杆菌 *aac*（3）-Ⅱ耐药基因的消除作用

第一节　试验材料 -- 118

一、试验材料来源 -- 118

二、主要药品及试剂 ------------------------------------- 118

三、试验主要仪器 -- 118

第二节　试验步骤 -- 119

一、耐药基因消除试验 -------------------------------- 119

二、试验引物设计 -- 120

三、试验总 RNA 的提取与检测 ----------------- 120

四、反转录试验 --- 121

五、实时荧光定量 PCR 反应 ------------------- 122

第三节　结果 --- 123

一、电泳结果 --- 123

二、试验溶解曲线 -- 124

三、试验扩增曲线 -- 124

四、中药消除 *aac*(3)-Ⅱ基因的
　　效果比较 --- 126

五、中药消除 *aac*（3）-Ⅱ基因的作用
　　规律 -- 127

第四节　讨论与分析 --- 129

第五节　结论 --- 131

第八章　中药对猪源大肠杆菌耐药消除作用的体外观察

第一节　材料与方法 -- 134

　一、试验材料 -- 134

　二、试验步骤 -- 135

第二节　结果 -- 137

第三节　讨论与分析 -- 140

第四节　结论 -- 142

第九章　芩黄颗粒的制备及质量检测

第一节　概述 -- 143

　一、中药颗粒的概述 -- 143

　二、中药颗粒的具体应用 -------------------------------------- 147

　三、国内外研究现状 -- 150

　四、本研究的目的与意义 -------------------------------------- 152

第二节　材料与方法 -- 153

　一、芩黄颗粒的制备 -- 153

　二、芩黄颗粒的质量检测 -------------------------------------- 158

第三节　结果与分析 -- 161

第四节　讨论 ———————————————————— 164

第五节　结论 ———————————————————— 166

第十章　银黄可溶性粉的制备及体外抑菌试验

第一节　概述 ———————————————————— 167

一、抗生素在兽医临床上的使用 ————————— 167

二、中药在兽医学方面的应用与发展 ———————— 169

第二节　材料和方法 ——————————————— 175

一、试验材料 —————————————————— 175

二、试验方法 —————————————————— 176

第三节　结果 ———————————————————— 182

一、银黄可溶性粉的鉴别及含量测定

结果 ———————————————————— 182

二、银黄可溶性粉药敏试验结果 ————————— 184

第四节　讨论 ———————————————————— 185

一、银黄提取工艺的探讨 ———————————— 185

二、银黄抑菌效果的讨论 ———————————— 188

三、各因素对抑菌效果的影响 —————————— 189

第五节　结论 ———————————————————— 190

第十一章　中药在防治猪腹泻上的应用

第一节　在猪消化不良型腹泻防治上的
　　　　应用 --- 192
第二节　在猪细菌性腹泻防治上的应用 ---------- 194
第三节　在猪病毒性腹泻防治上的应用 ---------- 197
　一、猪流行性腹泻（PED）中兽医发病
　　　机理 --- 199
　二、中药体外抗猪流行性腹泻病毒
　　　（PEDV）的作用 ------------------------ 200
　三、中药防治 PED 的临床应用 ------------- 201
　四、中药抗 PED 的作用机制 ---------------- 203
第四节　在猪寄生虫性腹泻防治上的应用 ------- 206
第五节　在其他原因导致的腹泻防治上的
　　　　应用 --- 211

第十二章　治疗仔猪腹泻中药复方
的筛选及应用结论与创新

参考文献

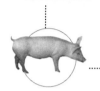

第一章

规模化猪场仔猪腹泻的发病情况调查

◆ 第一节　文献综述 ◆

　　调查研究显示，仔猪疫病在规模化猪场中的死亡率偏高，大概占到猪只总死亡数的 $65\%\sim75\%$，仅因腹泻所造成的死亡仔猪数达到 25%。近年来，仔猪腹泻已成为猪场常见病，仔猪腹泻在集约化猪场、中小型猪场或乡村散养户中都有不同程度的发病情况，其发病率和死亡率均居仔猪疫病之首，而且大肠杆菌血清型比较多，致病原因复杂，因此给预防和治疗带来很大的难度。仔猪腹泻给养殖户带来严重的经济损失，不仅减轻体重效益，增加额外的药品支出，而且能在短期内对动物造成长期影响。当饲养管理条件差、养殖过密、周围环境消毒不彻底时可加快仔猪腹泻的流行。研究近年流行的新生仔猪腹泻的流行病学、病理变化、发病机制和发病的必要条件，对于该病的确诊、预防和治疗有着重大的帮助。

一、仔猪流行性腹泻概况及研究进展

猪流行性腹泻病毒引起的仔猪腹泻是一种肠道疾病，非常容易通过接触而传染。呕吐、腹泻甚至脱水是该病的主要特点。该病于 1976～1977 年首次发现于英格兰和比利时，随后在世界许多国家包括我国在内都有报道，通过血清学调查发现猪的血清中有抗腹泻病毒的抗体，并分离到病毒。1978 年在病死猪中分离到一株类冠状病毒，命名为 CV777 毒株，通过各种试验证实，它是一种与猪传染性胃肠炎病毒（TGEV）有区别的病原体。各个年龄段的猪都能暴发该病，而且只在猪的身上发生。哺乳阶段的仔猪、架子猪或肥育阶段猪患病概率都很高，特别以哺乳阶段的仔猪受到的损害最为严重，母猪发病率在 15％～90％之间，发病猪是第一传染源。由于仔猪生长发育还没有完成，特别是消化器官和呼吸器官的免疫能力还没有完善，因而极易暴发此病。在发病腹泻仔猪的肠绒毛上皮和肠系膜淋巴结内都有该病毒的存在，而健康猪常常是因为食用了病猪排泄的粪便而污染的饲料和饮水等进而被传染，所以经过消化道传染为主要的传播途径。猪的性别、年龄、种类等因素都不能影响此病的流行，因此每个品种的猪都有感染的可能。到目前为止，涉及仔猪流行性腹泻的免疫保护机理和病毒侵入机制的研究报道较少，仍无确实有效的防制措施。

1. 流行病学

猪的性别、种类、年龄等因素并不能影响猪流行性腹泻的发生，因此各个种类、阶段的猪都有可能发生此病，并且每年 12 月份至翌年 1～2 月份是此病的高发期。发病猪、带菌猪以及其他带菌的动物都有可能成为此病的主要传染源。患病猪的肠绒毛上皮、肠系膜淋巴结等区域普遍散布着猪流行性腹泻病毒，可随粪便进入外界，环境、饲料、饮水乃至器具等遭到污染而导致可能通过消化道等主要的传播途径而使其他个体感染此病。该病散播速度很快，呈区域性传播。依据对近些年的发病情况统计，育肥猪群和后备母猪群通常是最先感染此病的，而后经过猪群的相互接触而感染或人员的流动来传播，产房的哺乳期仔猪非常容易受到感染，导致发病。

2. 发病机理

仔猪体内大部分养分被小肠摄取；而大肠部分含有大量菌落，具备很强的发酵作用，挥发性脂肪酸、电解质和水分大部分被其摄取。仔猪肠道内环境在病原微生物和各种应激要素的刺激下产生混乱。病原微生物在肠道内呈爆发式增殖，导致有害气体和毒素在体内的形成和排放，从而引发上皮细胞变性、坏死、凋落及肠绒毛萎缩，不仅使消化机能紊乱，还破坏了肠黏膜完整性，使小肠摄取养分机能降低，造成小肠内大量未完全消化的食糜进入大肠，促进大肠内微生物的发酵，产生有害酸的浓度增加。大肠内有害酸的浓度增加引起大肠内的渗透压增高，大量水渗入肠道而导致水样腹泻。长时间的腹泻导致仔猪体内的养分、电解质、体液大量流失，进而导致仔猪的生长发育迟缓、成僵猪或者引起仔猪的死亡。

3. 临床症状

水样腹泻是仔猪腹泻的主要临床症状，其间偶有呕吐情况，仔猪吃食或吃奶后多发生呕吐情况。腹泻症状的严重程度和年龄有关，一般情况下年龄越小，其发病症状越严重。一周龄左右的仔猪在腹泻发病后 3～4d，表现重度脱水继而出现死亡，其间死亡率非常高，在 $50\%\sim100\%$ 之间。病猪外观精神萎靡，吃食少或基本不吃食，体温正常或稍微高于平常。连续猛烈腹泻，有黄色或黑色腥臭味的酸性排泄物。哺乳期仔猪被传染后表现体温明显升高，临床表现为呕吐、腹泻、四肢不灵敏等，难以完全康复。保育猪和育肥猪被传染后会有些许的腹泻症状，一段时间后能够自行康复，死亡率一般低于 3%。成年母猪没有严重的临床症状，极个别只有些许咳嗽，也可自行康复。同圈饲养的肥育猪被传染后都会出现腹泻症状，死亡率仅为 $1\%\sim3\%$，通常 7d 后就痊愈。该病原对成年猪致病力较弱，轻则症状仅为呕吐，严重的表现为水样腹泻，而后 3～4d 就自动痊愈。

4. 病理变化

仔猪的小肠极易感染致病菌而致使小肠的局部区域病

变，经过解剖查看可发现肠壁变薄，肠腔内填充有略显黄色的不明液体，局部有点状出血，黏膜上炎症清晰可见。对小肠绒毛上皮细胞采取组织学检查，可发现有凋落并有空泡化情况。背部肌肉呈急性坏死。绝大多数表现为水样腹泻，其呕吐物多呈乳白色的豆腐渣状。一周龄以内的仔猪一旦暴发腹泻，多表现为重度脱水现象，绝大多数病猪最后死于衰竭，部分仔猪出现精神萎靡、四肢无力不能爬行进入保温箱而被冻死或压死。发病猪的体表温度大部分表现正常或略微偏高，小部分发病仔猪在痊愈后因生长迟滞而成为僵猪。一周龄以后的仔猪对腹泻有稍强的抵抗力，经医治，大部分发病仔猪在一周后可进行采食、排泄，精力等逐步变为正常。轻微腹泻，极个别排水样便是刚进入保育舍的绝大多数仔猪所呈现的典型症状。发病而死亡的仔猪眼观特征为：尸体消瘦，呈典型性脱水特征；肠系膜有充血现象，肠系膜淋巴结表现水肿，小肠膨大，小肠壁变薄，肠内充满黄色淡薄的物质；胃内有很多的凝乳块，呈黄白色。

二、仔猪腹泻发病原因

　　仔猪由于日龄的原因，其肠道内部还不具备维持菌群稳定的能力，自身的免疫功能低下，所以极易受到外界病原微生物的侵袭或各种意外的影响，从而引发腹泻。仔猪腹泻产生的因素有非传染性因素、病毒性因素、细菌性因素、寄生虫性因素等。

1. 非传染性因素

（1）自身生理因素　①有资料显示，大肠杆菌、乳酸杆菌、酵母菌等在仔猪出生后大约一天内逐步附着于仔猪的肠道系统，慢慢建立肠道内平衡的菌群微环境，而仔猪在出生前，肠道是无菌的。在大多数情况下，乳酸杆菌可以防止由病原菌造成的消化系统混乱和腹泻。因为它可以通过竞争阻碍有害菌的扩增，而使有害菌的密度下降，毒素产生的可能性降低。②仔猪在哺乳阶段，乳中的乳糖通过发酵产生的乳酸可以维持胃内的酸性环境，而其胃酸分泌很少。所以一旦断奶，乳酸没有来源，胃内的酸性物质含量降低，胃内环境酸碱失衡，乳酸杆菌便逐渐消失，因而致病性大肠杆菌等有害微生物的数量慢慢增多，引起仔猪胃肠道菌群失衡、菌群稳定性下降、菌群的微环境失去平衡。而且胃肠道的空间比较小，小肠绒毛不长，非常容易遭受伤害，这些因素的存在都极易会阻碍肠道对消化养分的摄取，进一步导致腹泻。③仔猪体表被毛、脂肪含量很少，基本不具备相应的体温调节能力，所以仔猪的消化系统很容易因为周围环境温度的变化等因素而发生病变引发腹泻。各种致病微生物的感染、温度的突然变化、饲料的转换等各种应激因素极易导致消化系统发育不完善、机能不全面、免疫力也很低的仔猪在肠道内滋生大量的致病菌，从而出现仔猪腹泻病症。④刚出生的仔猪本身对病原菌并没有免疫力，绝大多数只能吸取初乳并摄取相关的免疫球蛋白去抵抗病原菌。尽管初乳中含有较多的免疫球蛋白，但是仔猪对它使用得也快。所以，引起仔猪患病的重要原因便是环境中的致病性微生物。

（2）营养因素　①仔猪饲料中含有某些抗营养成分，如抑制蛋白酶活性的成分等，使蛋白酶的活性降低，导致对蛋白质的分解降低，仔猪消化吸收蛋白质受到影响，体内肠道系统的统一性被破坏，引起消化道和肠道的吸收障碍，所以导致仔猪腹泻。②仔猪的饲料营养成分单一，使仔猪缺乏各种维生素，如维生素 A 和维生素 C，还缺乏钙、铁、锌、硒等矿物质元素，这些维生素和矿物质元素在仔猪生长过程中都是必不可少的营养物质。③饲料中的纤维素成分含量很高，尽管纤维素物质在饲料中起到促进仔猪消化器官的发育和维持体内正常的菌群微环境平衡的作用，能较好地防止仔猪腹泻，但是仔猪消化能力不强，对纤维素的摄取吸收能力差，过多的纤维素会导致仔猪的消化道黏膜遭到机械性损伤，影响仔猪对饲料的摄取效率，进而导致仔猪发生腹泻。

（3）应激因素　由于仔猪自身的体温调节能力还比较差，因此对外部环境的适应性比较差。气温的突然变化、冷风的侵袭以及保温、降温等不当时，可导致仔猪抵抗致病菌的能力下降，造成仔猪腹泻。断奶后，饲喂仔猪营养丰富的饲料，会造成仔猪消化不良。饲料单一，会造成营养缺乏，仔猪本身免疫力降低。另外，异常惊吓、大小仔猪分开饲养、仔猪去势、抓捕等应激也可引起体质下降，抵抗致病菌的能力降低，易受到病原菌侵袭，造成仔猪腹泻。

（4）管理因素　仔猪吃到发霉变质的食物后，在体内分泌多种毒素或者有害的物质，这些有害的物质可通过不同的途径造成仔猪消化不良；仔猪舍的饮水器不足，造成仔猪水分摄取量不足，同样可导致腹泻；水源被污染，水质不符合饮用水标准，冬天水温过低等都能引起仔猪腹泻。

2. 病毒性因素

引起仔猪腹泻的病毒，以猪流行性腹泻病毒、猪传染性胃肠炎病毒、轮状病毒较为普遍。首先是轮状病毒，可经消化道感染进入机体，其定植于仔猪的肠道内，而且会随仔猪排便而排到外环境，继而传染其他猪只。

其次是由猪传染性胃肠炎病毒引起的仔猪腹泻，即猪传染性胃肠炎。此病普遍在冬季发生，常呈现区域性流行，仔猪的肠道是该病毒存在的主要场所，可感染各个阶段的猪。

最后便是猪的流行性腹泻，病猪的肠系膜淋巴结和肠道的绒毛上表皮广泛分布着其致病病毒，并且可以伴随粪便排出进入环境，再传染其他的猪。可传染不同年龄的猪，对仔猪造成的影响最大，在哺乳阶段的患病仔猪的死亡率可在 50% 以上。

3. 细菌性因素

大肠杆菌、沙门氏菌等都可引起仔猪腹泻。黄痢主要引起出生后数小时至 5 日龄以内仔猪发病，以 1～3 日龄最为多见。红痢主要发生于 1～3 日龄仔猪，一般病程较短，死亡率极高。对于仔猪白痢，1～4 周龄左右的仔猪极易感染大肠杆菌而发病，特征为发病率较高、死亡率较低，在严寒的冬天或酷热的夏天发病多。仔猪副伤寒多发生在 2～4 月龄。

4. 寄生虫性因素

球虫、蛔虫、类圆线虫等也可导致仔猪腹泻。附着在仔猪消化道内的线虫，引起的症状有腹痛、腹泻，粪便中含有黏液或者血；而球虫病主要感染一周龄左右的小猪，发病特征为水样腹泻、四肢无力、典型脱水。

综上所述，仔猪腹泻的发生是由非传染性因素和传染性因素共同导致的结果，而不仅仅是单个原因造成的。

三、仔猪腹泻的研究目的及意义

新生仔猪腹泻一直都是养猪业常见的流行疾病，也是在世界范围内养猪行业发展的一项阻碍。大型规模化猪场、中小型的养殖场、乡村个体户，都有不同致病程度的仔猪腹泻，养殖条件差的乡村散养户，发病情况更为严重。仔猪腹泻可能造成其生长发育停止，严重的导致死亡，给养殖业的经济带来重大的损失。尽管已经使用大量的疫苗、抗生素等，但在各国的养猪场，仔猪腹泻依然有着很高的发病率，难以防控和治疗。特别是从

2010 年以后，具有非常高的死亡率的高致病性流行性腹泻在全国开始流行。该病的发生不仅有感染性致病因素，也与环境条件、饲养管理、大小母猪的体质等因素有着重大联系。

为研究规模化猪场新生仔猪流行性腹泻的致病原因、传播路径、病理变化以及发病机制，本研究计划将引起洛阳某规模化猪场仔猪发病的环境因素与实验室诊断相结合，以确定新生仔猪的发病原因和近期发生流行性腹泻的病理变化及致病机制。为此病的预防、诊断和治疗提供依据，最大可能地降低新生仔猪感染腹泻的概率。

第二节　材料与方法

一、调查试验材料

1. 试验地点

洛阳某规模化猪场及河南科技大学动物科技学院临床医学实验室。

2. 试验猪群及材料采集

从 2016 年 11 月至 2017 年 2 月，对洛阳某规模较大、具有代表性猪场中的腹泻仔猪进行现场调查取样，调查对象为猪场综合环境、饲养管理方式等及 800 头 0～60 日龄仔猪。

二、调查试验方法及步骤

1. 规模化猪场仔猪腹泻调查统计

在 2016 年 11 月至 2017 年 2 月最容易发生仔猪腹泻的这段时间，认真统计窝仔猪发生腹泻的情况，深入猪场实地考察与新生仔猪腹泻发生有关的致病因素。调查内容为仔猪的发病率、病死率、发病季节、发病日龄。

2. 非传染性因素的调查统计

（1）猪舍温度　调查记录 2016 年 11 月至 2017 年 2 月期间新生仔猪猪舍室温、保育仔猪猪舍室温。

（2）仔猪饮水水质　对仔猪的饮水用水管进行大肠杆菌等致病菌含量检测。

（3）猪舍通风情况　检查猪舍的通风状况，是否存在空气流动不佳，导致空气污浊，从而导致疾病滋生、传染的情况。

（4）饲料的品质　对仔猪饲料的品质进行检查，检查饲料是否发霉、变质，检测饲料中是否缺少仔猪所必需的维生素和矿物质。

（5）母猪的状况　无乳或少乳等泌乳不足的情况在母猪产后是否出现，母猪的采食量情况，是否采食含霉菌毒素的饲料，是否有部分母猪产后出现子宫炎、乳腺炎、无乳综合征、产后发热等状况。

（6）免疫接种状况　了解猪场是否对母猪和仔猪进行科学合理的免疫预防措施。

（7）饲养管理方式　调查猪场在日常的饲养过程中是否做到了定期清扫消毒使猪舍干净整洁，饲养用具有没有定期清洗消毒，仔猪猪舍的保暖防寒等工作措施是否做到位。仔猪的日常护理工作、可疑病猪的隔离、定期的疫苗预防等措施是否完善。

3.仔猪腹泻病理学检测

（1）眼观病变　对病死猪仔细进行临床观察及剖检病变观察。

（2）主要病原菌的分离培养和致病性试验　在无菌操作台中，将采集到的病料在麦康凯和血琼脂培养基上划线培养，37℃条件下培养24h。经过多次分离培养，镜检观察，筛选出大肠杆菌纯菌落。将20只小白鼠分成试验组和对照组，每组小白鼠10只。对试验组小鼠进行致病性试验，每只腹腔注射0.2mL菌液，标号。对照组10只小鼠在消毒无菌条件下分别腹腔注射0.2mL生理盐水，观察72h，记录小白鼠的各种变化情况。

三、根据调查统计结果所采用的防治措施

1.饲养管理的综合整治

整治方法如下：①改善仔猪猪舍的饮水品质，定期对水管进行消毒灭菌。②加强仔猪猪舍的通风状况，保持室内空气新鲜。③改善仔猪食用饲料的品质，保证饲料能提供仔猪发育所必需的营养元素。④确保母猪的饲料品质，对出现子宫炎、乳腺炎、无乳综合征、产后发热的产后母猪进行及时有效的治疗。⑤定期对猪舍内部、外部进行消毒灭菌，保持环境整洁。⑥对可疑的仔猪腹泻病例进行及时的隔离和治疗。

2. 疫苗及药物预防仔猪腹泻

在母猪产前 12d 左右肌内注射 K88-K99 双价基因工程苗；每头仔猪产后哺乳前口服磺胺脒 200～300mg；三天左右的仔猪肌内注射铁制剂；仔猪 20 日龄时肌注仔猪副伤寒活疫苗；断乳仔猪一次肌注青霉素 80 万 IU、链霉素 1g。

3. 药物治疗仔猪腹泻

腹腔注射补液疗法：按仔猪体重的 5％进行腹腔注射补液治疗，将 10％氯化钾注射液、5％葡萄糖生理盐水、5％碳酸氢钠注射液按 0.5：10：2.5 的比例配合，用法为每日一次，持续使用三天。

将诺氟沙星 10mg/kg、酵母片 5g、矽炭银 2g 进行配合，用法为：口服，每天三次，连用三到五天。

中西药结合疗法：参苓白术散加减联合诺氟沙星，其方剂为党参 10g、白术 10g、茯苓 10g、炙甘草 5g、山药 10g、扁豆 15g、莲肉 10g、桔梗 8g、薏苡仁 8g、砂仁 10g

加清水 1000mL 浸泡 30min，水煎 20min，去渣后分 3 次灌服，每日 1 剂，3 剂为一个疗程，每次灌服中药的同时灌服诺氟沙星 10mg/kg。

◆◆◆ 第三节　结果与分析 ◆◆◆

一、规模化猪场仔猪腹泻调查统计结果与分析

对该猪场的 800 头 0～60 日龄仔猪进行调查（图 1-1～图 1-3），发病率和病死率分别为 31.2％ 和 51.7％。

图 1-1　猪场健康仔猪

图 1-2 腹泻仔猪粪便污染肛门周围

图 1-3 腹泻仔猪粪便污染肛门周围、尾巴等

1. 仔猪腹泻的死亡率

共调查从出生到出栏因病死亡猪 245 头，其中 0～60 日龄仔猪死亡 156 头，因腹泻死亡 129 头（图 1-4、图 1-5）。0～60 日龄仔猪死亡数占总死亡数的 63.6%；其中因腹泻死亡仔猪数占总死亡数的 52.6%，占仔猪死亡数的 82.6%。

图 1-4　因腹泻而死亡的仔猪

2. 仔猪腹泻的发病季节

洛阳最为严寒的时间段是每年 12 月至次年 2 月，而每年最为炎热的时间段在 6 月至 8 月之间，温度最高可至 35℃，其余时间气温比较温和。通过调查 0～60 日龄的仔猪全年腹泻的感染情况，发病率最高的时间是 12 月至次年 2 月。

图 1-5 因腹泻而死亡的不同大小仔猪

3. 仔猪腹泻的发病日龄

该猪场所有猪在 0～60 日龄，每 3d 作为一个时间段，按照原来的饲养方法和固有的饲养条件喂养母猪和仔猪，在自然条件下记录仔猪腹泻的发病率和死亡率。仔猪在生长过程中一般有两个时期最易感染腹泻，一个是产后 2～7d，发病率为 20%～38%，还有一个是产后 27～40d 之间，发病率在 25%～40% 之间（图 1-6）。

二、仔猪腹泻非传染性因素的调查统计结果与分析

调查结果显示，①调查期间新生仔猪猪舍室温、保育仔猪猪舍室温在 22～30℃ 之间，符合新生仔猪的最适生长温度。②通过监测仔猪饮水中大肠杆菌及菌落总数，发现

图 1-6　调查猪场产房

其含量超标，对母猪和仔猪健康带来一定的影响。原因是产房内温度较高，导致饮水水管内容易滋生细菌。③部分产房窗户外被塑料油纸覆盖，影响了产房的空气流通，导致滋生致病菌。④调查过程中发现有部分保育舍饲料中存在霉变，仔猪没有吃完的饲料在食槽内没有得到及时清理，长时间放置变质后又和新鲜饲料混合被仔猪吃掉；蛋白质、纤维素在仔猪所吃饲料中含量过高，而仔猪不容易消化；饲料中仔猪所必需的维生素和矿物质含量不足。⑤还有极个别母猪不好好采食，导致泌乳量不足，乳中脂肪酸含量较高，不易消化。或者母猪泌乳所含脂肪量比较多，且仔猪采食母乳过量，导致其不能彻底摄取、吸收。⑥在免疫预防方面存在免疫不及时、用药不对症、方法不科学等问题。

根据调查结果，猪场工作人员应做到如下工作。

① 新生仔猪室温要求为 30℃ 左右，而保育仔猪室温则要达到 24℃ 左右。要保持室温在 22～25℃ 之间，可以使用具有红外线功能的保温灯、保温板和具有加热功能的保温箱。

② 对猪舍饮用水源、水管、出水处的细菌含量进行检测。对细菌超标的猪舍要使用消毒药进行定期清理。

③ 针对猪舍空气流通不畅的情况，应及时将窗户外的塑料油纸清除，保证猪舍适时通风。

④ 及时清除每日食槽中残留的饲料，并进行食槽消毒。要给仔猪饲喂安全合格的全价饲料，并在饲料中合理添加仔猪生长发育所必需的维生素和矿物质等，以保证仔猪营养需要并增强仔猪自身抵抗力。

⑤ 针对仔猪消化系统不完善，易导致腹泻的现象，可以在仔猪所用饲料中加入相关肠道酶制剂和益生菌酶制剂，以便于防止仔猪体内缺乏各种肠道消化酶，确保仔猪有正常的养分摄取能力，减少由于消化不良导致的腹泻。还有研究表明，将有机酸加入到仔猪饲料中，可以起到增加胃内酸度、增大胃内蛋白酶等消化酶的活性的作用，有利于胃肠道的有益菌如乳酸菌在肠道内的生长。这些有益菌可以阻碍大肠杆菌等有害菌在肠道内的繁殖，维持肠道内菌群的平衡。胃肠道内正常菌群为益生菌，其能产生有机酸或其他物质，在胃肠道内阻碍病原菌的繁殖生长。现

在绝大多数利用的益生菌为乳酸杆菌、芽孢杆菌、链球菌和酵母菌等。在饲料中加入益生菌能够使仔猪健康生长，减少幼龄仔猪腹泻的出现。

⑥做好免疫接种工作，加强对病毒性腹泻的防治工作，可以依据自身养殖场的实际情况，科学有效接种由正规厂家出产的猪传染性胃肠炎与流行性腹泻的相关疫苗。使用时应该严格遵从疫苗的使用说明书，按照每次间隔16～21d的周期对怀孕母猪进行连续3次以上的免疫。

⑦维持猪舍内部和周围环境的干净、整洁，做好卫生消毒工作，并且加强对饲养工具的规范管理，这是日常的饲养管理过程中重要的工作环节。同时还要加强仔猪的防寒防热工作和护理工作，防止仔猪受凉受热。如有可疑发病猪，应立即采取措施进行隔离，以防传染给其他仔猪。在饲养过程中应定期对猪舍内外及饲养用具进行清洗消毒管理，防止猪舍或者饲养用的水槽、食槽等被细菌污染。当出现仔猪腹泻的情况时，应该及时有效地将病猪隔离，并且给发病仔猪补充水分。定期清理猪舍的粪便，以防粪便污染仔猪的饮用水或者饲料而导致腹泻，还应加强通风，驱杀寄生虫。

三、仔猪腹泻病理学检测结果与分析

1. 仔猪腹泻眼观病变

死于腹泻仔猪的主要剖检变化为：病死仔猪均出现严

重腹泻，并伴有不同程度的脱水现象（图1-7）。

图1-7 腹泻死亡仔猪

小肠壁变薄呈半透明状，肠腔内充满浆液状或者黏液状内容物，呈黄白色或灰白色，肠黏膜充血、点状出血（图1-8）。

肝脏肿胀，充血，颜色变浅，表现为土黄色或者暗红色，有些可见间质增宽，有网格状病理变化（图1-9）。

脾脏瘀血肿大，表面有出血丘疹（图1-10）。

肺部有瘀血，肿胀，有的表现暗红色，触感硬实（图1-11）。

肾稍肿胀、颜色变淡，包膜不易剥离（图1-12）。

图 1-8 病变小肠

图 1-9 病变肝脏

图 1-10　病变脾脏

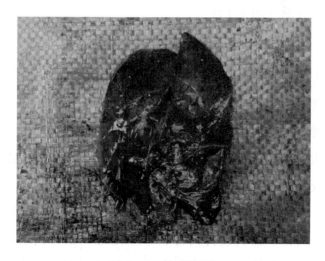

图 1-11　病变肺脏

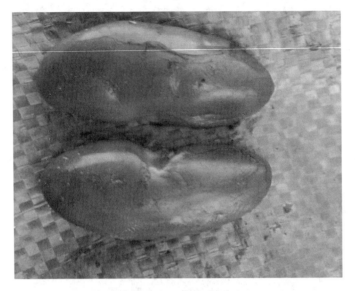

图 1-12　病变肾脏

心脏稍微肿胀，颜色浅，有的可以观察到浆液-纤维素性心包炎（图 1-13）。

2. 仔猪腹泻主要病原菌的致病性试验结果

试验组小白鼠大约 10h 后出现精神低落、体毛杂乱、食欲和饮欲下降，18h 后出现死亡。对照组小白鼠的精神状态良好、食欲和饮欲良好，没有死亡出现。从致病性试验结果可以看出，大肠杆菌对小鼠的致病能力较强。

在猪场的日常管理中，应加强对常见致病菌的检测，定期对圈舍和器具进行消毒、干燥处理。猪舍内的所有器具均不能混乱使用，每个猪舍应有单独的饲养器具。每座

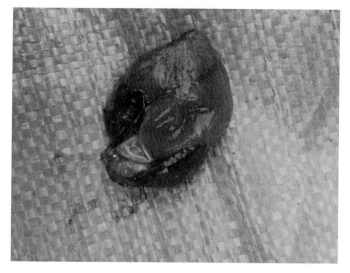

图 1-13 病变心脏

猪舍门口都需要有消毒工具，人员进出要严格消毒，外舍人员也不能随意进入。圈舍内以及饲喂用具每周至少要消毒 3 次，特殊位置如死角可以使用喷雾器喷洒消毒液，保持猪舍的环境干燥，消毒灭菌及时。

四、规模化猪场仔猪腹泻的防治效果与分析

1.饲养管理的综合整治效果分析

优化饲养管理过程中仔猪的防寒保暖和护理，维持猪舍内部和周围环境卫生，做好消毒工作，并且加强对饲养用具的规范管理，提供仔猪必需的优质饲料，及时隔离可疑患病仔猪等工作。在其他条件一致的情况下，和之前未改善上述条件相比较，仔猪腹泻的发病率由 31.2% 降到了

23.7%，取得了较为明显的防治效果。

2. 疫苗及药物预防效果分析

对 30 头母猪生产的 315 头仔猪进行上述疫苗预防试验，仔猪的发病率仅为 11.3%，仔猪的保护率达到了 88.7%，取得了明显的预防效果。

3. 药物治疗效果分析

对 105 头发病腹泻仔猪进行腹腔注射补液疗法后，治愈 91 头，治愈率为 86.7%，有非常明显的治疗效果。

对 96 头发病仔猪进行中西药结合疗法，治愈 71 头，治愈率为 73.9%，达到了明显的治疗效果。

◆ 第四节　讨论 ◆

通过此次调查发现，在发病因素方面，该猪场的日常管理方式存在很多缺陷。如仔猪猪舍环境潮湿、周围粪便没有及时清理，以致于滋生致病菌。疫苗免疫不到位、不及时，免疫方式不合理，容易造成仔猪的应激。仔猪腹泻的发生是否跟免疫时造成的应激有关，还有待进一步的观察研究。

本次调查研究方法虽然总体和以往其他的调查研究有类似，但是其中也有新的侧重点。如仔猪的饲料成分中所必需的维生素和微量元素对仔猪腹泻的具体影响。维生素 A 在维护仔猪上皮组织细胞的健康和促进免疫球蛋白的合成过程中有着不可替代的作用；维生素 C 可以增强仔猪免疫能力；血液中非常重要的组成成分为铁，缺铁很容易导致仔猪缺铁性贫血，致使仔猪免疫能力降低；锌参与体内各种酶的合成，缺锌容易导致胃肠黏膜炎，降低锌消化酶的活性，从而导致消化功能下降；缺乏矿物质、微量元素则可引起胃肠道内电解质紊乱，是导致仔猪腹泻的直接原因或间接原因。

国内外有关学者关于仔猪腹泻的治疗方面，提出根据病因不同，用药也不同的观点。在治疗方面可以采取中药组方治疗和西药治疗两种措施。①中药组方：麦芽、神曲、山楂按 10∶6∶10 的比例混合，粉碎、混入饲料，每头仔猪每天 10～15g。作为预防性用药，其作用是可增加仔猪吃食量，有助于消化，促进仔猪生长发育，预防仔猪感染腹泻。治疗时，可加黄连、黄芩、白头翁、车前子、炒米等，对体质状况不好的仔猪可加白术、茯苓等，每种药物均按照每头仔猪每天 5～10g 的用量，持续用药 3～5d。②西药措施：对腹泻仔猪可以使用青霉素、庆大霉素、乳酸诺氟沙星等抗菌类药物，对消炎、止泻、防止继发感染能发挥极其重要的作用。条件比较好的养殖场可以在用药前先做药敏试验，这样不仅有利于药物的高效应用，还可以降低致病菌的耐药性。由于腹泻经常继发机体脱水和自体中毒，因此应让仔猪自由饮用含电解质较多的葡萄糖生理盐水，以预防脱水与中毒的发生。

腹腔注射补液疗法对仔猪腹泻有很好的治疗效果，其治愈率可达86.7%，其中对于仔猪传染性胃肠炎的治疗效果更加明显，治愈率可达93.2%。补液疗法价格便宜，简单易操作，治疗效果显著，使用价值非常高。其优点在于：①仔猪所缺失的体液、电解质等必需物质得到了补充，酸中毒得以缓解，机体的正常生理功能和免疫能力得到了良好的恢复，从而可以更加充分地发挥抗菌药物的抗菌作用。对发病较急的病例如传染性胃肠炎，在用药大概2h后，就可以看到仔猪精神有明显好转，食欲加强，濒死的仔猪得以康复。②腹泻期间仔猪细小的耳静脉发生萎缩，采取静脉补液难度非常大，因此采用腹腔注射可以避免不必要的风险。其缺点在于有时腹腔注射不当会引起仔猪的应激。

　　中西联合抗菌药物对仔猪腹泻的治疗能取得很好成果，如参苓白术散联合诺氟沙星的治愈率可达73.9%。在发病量少时，有很好的应用价值。局限在于其在发病量多时，不能大批量应用。

◆ 第五节　结论 ◆

　　规模化猪场仔猪腹泻发病严重，采取环境综合整治、疫苗及药物预防、腹腔注射补液疗法、中西医结合疗法等措施进行防治，效果良好。

第二章

猪源大肠杆菌综述

　　随着我国畜牧业的发展，广谱抗生素的大量不合理使用，临床上细菌多重耐药检出率不断升高，甚至有些地区出现了超级细菌。细菌的耐药性问题已成为对世界经济产生深远影响的五项潜在因素之一。作为我国传统文化的瑰宝，中药在防控多重细菌感染方面具有诸多优势，其价格低廉、无药物残留、抗菌活性较强，一直是科学家研究的热点。

◆ 第一节　大肠杆菌概述 ◆

　　大肠杆菌（*Escherichia coli*，*E.coli*），又称大肠埃希菌，是埃希氏菌属五个种之一。1885 年，德国科学家 Theodor Escherich 首次对肠道下部分离到的大肠杆菌进行了报道，并对其形态特征进行了细致描述。1919 年，为了纪念 Theodor Escherich 的突出贡献，将埃希菌氏属

Escherichia 作为大肠杆菌的属名，由此大肠杆菌的名字和学术地位正式确立。

大肠杆菌在显微镜下的形态学特征为革兰氏染色阴性细菌，形状为短杆形或者卵圆形，多成对或散在存在，无芽孢和可见荚膜，但大多有微荚膜，大小为$(0.4～0.8)\mu m \times (1～3)\mu m$，多以鞭毛作为运动器官，但也同时存在无鞭毛的变异菌株。大肠杆菌为需氧、兼性厌氧型细菌，生长环境最适温度为 37℃ 左右，最适生长 pH 为 7.2～7.4。该菌在普通营养琼脂上培养 20h 后呈现边缘整齐、表面光滑、中间轻微凸起的灰白色、半透明菌落，在麦康凯培养基和伊红-美蓝培养基上培养 20h 分别呈现淡红色菌落和略带有金属颜色的紫黑色菌落。本菌在适宜条件下能氧化发酵多种有机或无机糖，同时具有产气产酸的特点，不分解尿素也不产生硫化氢，且吲哚实验和 V-P 实验分别为阳性和阴性。大肠杆菌抗原组分主要分为 3 类，分别是 K 抗原（又称被膜抗原）、H 抗原（又称鞭毛抗原）、O 抗原（又称菌体抗原），目前已知分别有 80 种、56 种和 173 种。大肠杆菌的血清型多用 O∶K∶H 排列表示。血清型不同的致病性大肠杆菌常引起不同的宿主发病。引起患病动物主要表现腹泻的大肠杆菌有 3 种，分别为肠产毒性大肠杆菌（Enterotoxigenic *E. coli*，ETEC）、肠侵袭性大肠杆菌（Enteroinvasive *E. coli*，EIEC）、肠致病性大肠杆菌（Enteropathogenic *E. coli*，EPEC），多数致病性大肠杆菌可以分泌溶血素。另外该菌一般只对幼年动物致病，不会引起成年动物发病，但当该菌侵入到肠外组织中即可引起动物发病，如人的膀胱炎、鸡的卵黄性腹膜炎等相关疾病与本致病菌有关。

一、大肠杆菌的危害

医学界在 Theodor Escherich 发现大肠杆菌后相当长一段时间内普遍认为，大肠杆菌是机内肠道正常菌群，对动物机体不具有致病性，这使科学家们放松了对大肠杆菌的警惕。直到二十世纪中叶，医学界才逐渐有人开始认识到一些含有特殊血清型的大肠杆菌具有致病性，尤其是对于一些抵抗力较差的幼畜来说情况更为糟糕，常常引起极其严重的败血症或者流行性腹泻等相关病症。致病性大肠杆菌除了能使动物与人出现严重肠炎外，还可以使动物生殖道、泌尿道、呼吸道、神经系统等发生不同程度的炎症或损伤。由此引起了医学界和养殖界的广泛关注，科学家们纷纷开始对大肠杆菌流行病学、致病机制和防控药物进行深入研究。

现有研究结果表明，目前致病性大肠杆菌是严重威胁养殖业的头号细菌性致病原。该致病菌致病宿主广泛，除了牛、猪、羊、鹿、貂等各种哺乳动物外，还有鹅、鸭、鸡等各种禽类，几乎囊括了目前养殖业所有的常见养殖动物。对于单个宿主而言，致病性大肠杆菌引起的病理变化和临床症状也是千差万别。例如致病性大肠杆菌能引起家

禽急性或慢性败血症、脐炎、气囊炎、肉芽肿、腹膜炎、
输卵管炎等 7 种病理解剖变化,而这 7 种病理解剖变化往
往不是单个出现,大多时候某几个病变同时出现,具有很
高的发病率和致死率。畜禽致病性大肠杆菌除了宿主广泛
外,其血清型众多也是困扰医学界的一个棘手难题。曾经
就有学者从采集于我国各地的 349 个鸡肛门拭子中分离到
了 67 种致病血清型。面对如此大量的血清型,研究人员
很难研究制造出对所有致病性大肠杆菌有效预防的疫苗。
所以畜禽场采用疫苗防控致病性大肠杆菌病效果很差,远
远不能满足养殖场需求的效果,这大大增加了防控大肠杆
菌病的难度,同时这也是致病性大肠杆菌之所以能够肆虐
横行全球养殖场的重要原因之一。

在实际养殖临床上,以前防控大肠杆菌病主要依赖抗
生素。用抗生素防控大肠杆菌病具有很好的临床应用效
果,为许多养殖农户挽回了重大经济损失。但是近年来
随着养殖场集约化、规模化的发展以及广谱抗生素的长
期大量不合理应用,致病性大肠杆菌逐渐对抗生素产生
了适应能力,这样再用抗生素防控大肠杆菌病效果就会
变差,个别养殖场甚至出现了面对致病性大肠杆菌无抗
生素可用的尴尬境地。致病性大肠杆菌的耐药性使得养
殖农户面对致病性耐药大肠杆菌感染时变得束手无策。
耐药大肠杆菌感染显著提高了患病动物的养殖治疗成本,
降低了养殖农户的经济效益,严重威胁了全世界畜禽养
殖健康可持续发展,同时也是对人类本身健康的一大

挑战。

二、大肠杆菌的致病机理

大肠杆菌在正常机体肠道内广泛存在，大多属于条件性致病菌。条件性致病菌在正常情况下不具备致病力，对家畜不构成危害，但在一些特殊情况下（如应激、营养不良、环境改变等）可以转化为致病菌，动物感染后出现严重腹泻等一系列病症。但也有一些大肠杆菌本身就具有一定的毒性或致病性，对人类健康和家畜业安全生产带来严重挑战。这类致病性大肠杆菌主要包括肠道致病性大肠杆菌（EPEC）、败血性大肠杆菌（SEPEC）、尿道致病性大肠杆菌（UPEC）、产类志贺毒素大肠杆菌（SLTEC）、肠产毒性大肠杆菌（ETEC）。目前研究最清楚的是 ETEC 和 SLTEC。

ETEC 是一类引起幼畜腹泻最常见的致病性大肠杆菌。它的致病机制主要与肠毒素类毒力因子、黏附素性菌毛有关，二者相互配合，共同作用于幼畜。ETEC 通过食道侵入各种年幼畜禽的小肠，其黏附素菌毛与肠道表皮细胞的微绒毛、受体相结合，并牢固地黏附于肠黏膜上，大量繁殖并释放各种肠毒素，对相应靶细胞和器官产生毒害作用。年幼家畜感染 ETEC 后常常由于严重腹泻、急剧脱水而死亡。ETEC 发病率和死亡率都很高，且二者呈正相关。

SLTEC 是一类在宿主体内外生长时可产生类志贺毒

素的致病性大肠杆菌。SLTEC 可致断奶仔猪水肿病，该病以头部、胃壁黏膜和肠系膜严重浆液性水肿为最典型特征。SLTEC 常常引起宿主麻痹、惊厥、共济失调等一系列神经症状。SLTEC 发病率虽然较低但致死率很高，所以 SLTEC 对家畜养殖危害极大。

病原性大肠杆菌主要通过分泌多种毒素导致畜禽机体发病，而致病性大肠杆菌毒力基因和大肠杆菌血清型有重要关系，但相同血清型的细菌毒力基因可能存在某些差异。最常见的毒素包括溶血素、黏附素、内外毒素等，它们共同作用于家畜机体，使动物机体出现败血症等一系列机体损伤变化，更甚者导致动物死亡，使养殖农户损失惨重。

三、大肠杆菌的流行性特点

许多血清型的病原性大肠杆菌可以引起养殖动物机体发病，但是不同血清型的病原性大肠杆菌易感宿主或动物可能有所不同，比如血清型为 O45 的病原性大肠杆菌常常引起猪发病，但对羊、牛等动物致病效果较差，而禽致病性大肠杆菌和猪源、羊源肠产毒性大肠杆菌对人无危害，大多不会引起人发病。据流行病学调查，致病性大肠杆菌在不同省份优势血清差别较大，即使相同省份，不同发病养殖区优势血清也不完全一致。

致病性大肠杆菌一年四季均可致病，但羊和牛发病时间多在春、冬季，幼龄动物对本菌较易感。刚出生仔猪从出生至断奶期间均可发病，1～3d 以仔猪黄痢居多，死亡率甚至高达 100%；10～20d 以仔猪白痢居多，死亡率为 60% 左右；断奶乳猪则多发仔猪水肿病。而对于鸡来说，大肠杆菌病以 4～5 周龄多发，主要引起鸡气囊炎、心包炎、肝周炎等病症，个别养殖场死亡率有时高达 100%，危害极大。

大肠杆菌病传染源主要是一些细菌携带者和患大肠杆菌病动物。该病传播途径复杂而广泛，不仅可以通过乳汁、空气、粪便等进行水平传播，还可以通过胎盘等进行垂直传播，这大大增加了动物接触该病原的可能性。

四、大肠杆菌的诊断

1. 致病性大肠杆菌微生物学诊断流程

首先需要采集足够量的合适病料，如腹泻仔猪可以取小肠中段黏膜组织病料，败血症犊牛可以直接取淋巴结、脾、肝等相关组织病料；然后用鉴别培养基分离培养，如使用伊红-美蓝培养基或者麦康凯固体培养基；最后做溶血、生化等相关试验。根据试验实际需要选做攻毒试验，试验时可以把分离菌接种在小鼠腹腔内，观察记录小鼠发病情况，最终综合判断致病原是否为致病性大肠杆菌。

2. 致病性大肠杆菌临床诊断

由于致病性大肠杆菌致病宿主和血清型的广泛性，所以针对每种动物来说其临床症状千差万别。以猪来说，黄痢型主要临床表现为仔猪高烧、排黄色稀便、严重脱水，尸体解剖可见小肠中段卡他性炎，肝、肾周围出现不同程度的坏死、损伤；白痢型主要临床表现为仔猪排白色稀粪，精神萎靡，尸体解剖可见肠道黏膜存在炎症，淋巴结肿大；水肿型主要表现为患病仔猪消化道发生不同程度的水肿，尤其胃部，膀胱黏膜部分有时存在出血点；断奶仔猪腹泻型主要临床表现为体温正常，但患病猪出现脱水、水样腹泻、腹部发绀等病症。由于不同动物、同种动物不同年龄段发病临床症状均不一样，这大大增加了家畜大肠杆菌病的临床诊断难度，所以畜禽大肠杆菌病临床诊断比较复杂，需要根据临床症状对病原菌进行仔细鉴别。

五、大肠杆菌耐药性的研究现状

自 20 世纪抗生素应用治疗大肠杆菌病以来，致病性大肠杆菌一直在和抗生素做顽强斗争，致病性大肠杆菌耐药性问题一直是科学研究的热点。刘正明等（2017）通过对内蒙古地区 108 株羊源大肠杆菌耐药性的研究，发现对 7 种以上常用抗生素耐药的菌株达 94.4%，对 13 种常用抗生素耐药的菌株为 15.6%，分离菌株对阿莫西林、头孢噻吩、磺胺甲唑、黏菌素的耐药率均达 100%。黎文君等（2017）通过对从各类临床标本中分离出的 3458 株大肠杆菌进行耐药性分析，发现其中产超广谱 β-内酰胺酶（ES-

BLs）菌的检出率为 57.92％，大肠杆菌对头孢菌素类、青霉素类、磺胺类、氨基糖苷类及氟喹诺酮类等的耐药率均超过 50％；对亚胺培南、哌拉西林、头孢哌酮和头孢西丁的耐药率低于 10％，对部分第 3、4 代头孢菌素的耐药性呈增加趋势。坤清芳等（2016）对四川地区分离的 97 株兔源大肠杆菌进行了耐药性调查分析，发现兔源大肠杆菌产 ESBLs 菌的检出率为 71.13％；产 ESBLs 菌对 12 种药物的耐药率均高于非产 ESBLs 菌株，其中对阿米卡星、头孢西丁、头孢他啶、头孢唑啉及诺氟沙星的耐药率在产 ESBLs 菌和非产 ESBLs 菌中差异显著（$P<0.05$）；产 ESBLs 菌多重耐药性极显著高于非产 ESBLs 细菌（$P<0.01$），其多重耐药率分别为 100％、85.71％，TEM、OXA、CTX-M 基因的检出率分别为 62.32％、23.19％、63.77％。于静晨等（2017）对从江苏、安徽等地区分离到的 53 株禽源大肠杆菌进行药敏试验，发现有 50 株禽源大肠杆菌表现为多重耐药，对 4、5、6 种药物耐药的现象最为普遍，且不同地区菌株存在差异。总体来看，近年来各个宿主分离的致病性大肠杆菌耐药（尤其是多重耐药）检出率在不断增高，其耐药性问题所造成的危害越来越大，有的甚至出现无药可用的尴尬境地。

六、致病性大肠杆菌的耐药机制

致病性大肠杆菌的耐药机制比较复杂，根据其耐药的起源可以分为固有耐药和获得性耐药两种耐药途径，其中以获得性耐药为主，且危害最大。获得性耐药是指耐药基因通过后天途径获得，包括抗菌药物作用下的选择性基因突变和移动耐药因子的捕获两种途径。而移动耐药因子主要包括耐药质粒、转座子、整合子和噬菌体，它们可以通过融合、转导和转化等方式在不同致病性大肠杆菌的遗传物质之间转移或集聚重排，从而引起多重耐药菌发生率大幅上升。

大肠杆菌获得性耐药作用的机制：

（1）改变抗生素的作用靶点　细菌通过改变抗生素的作用靶位，使抗生素无法与作用靶点结合或使作用靶点失活，从而使细菌产生耐药性。如喹诺酮类药物的作用靶点（DNA 螺旋酶和拓扑异构酶Ⅳ）改变使其不能与作用靶点有效紧密结合，从而使致病性大肠杆菌产生耐药性。

（2）降低细胞膜的通透性　致病性大肠杆菌通过各种方法降低细胞膜的通透性，使抗菌药物进入菌体的实际药量大幅降低，显著降低抗菌药物的有效浓度，进而达到抵抗抗菌药物的目的。

（3）主动外排泵功能增强　外排泵是存在于致病性大肠杆菌细胞膜上的具有转运功能的一类蛋白质。研究发现，致病性大肠杆菌 AcrAB-TolC 主动外排泵的功能增强与其对氟喹诺酮、氯霉素和四环素等多种抗生素的耐药性产生有关。

（4）产生灭活酶或钝化酶　耐药机理是大肠杆菌通过产生各种酶类，对抗生素进行修饰或破坏，使抗生素失活，无法发挥正常作用。如 β-内酰胺酶能够破坏 β-内酰胺环结构，使具有 β-内酰胺结构的抗生素水解失活。

（5）其他途径　如靶位旁路途径，大肠杆菌通过改变其自身代谢途径来规避抗生素的杀灭或抑制作用。

◆ 第二节　中药抗菌研究进展 ◆

我国传统中医、中药对世界卫生事业发展做出了突出贡献，是世界医学发展史上的奇迹。几千年来，中医、中药不仅保障了我国劳动人民的身体健康，同时还对畜禽养殖业正常持续发展起到了有利的推动作用。古代中医是一种经验医学，是我国劳动人民长期与大自然进行顽强抗争的重要智慧体现。在 20 世纪医药领域中抗生素的发明和应用是人类一项伟大的成就，近几年来随着抗生素、合成以及半合成的抗菌药物在临床上的广泛应用，细菌的耐药性日益增加。我国许多研究学者早在 20 世纪 50 年代就开始了对中药有效成分的研究，并发现许多具有抗菌作用的中药。研究发现，中药具有广谱抗菌、消炎的作用，纯天然药物不易产生耐药性且种类繁多及作用靶位多，并有增强机体免疫力等优点。中药已成为解决细菌耐药性的一个有效方法，从抗细菌、病毒、真菌方面就可知道。但与此同时，我国传统中医也存在着一些理论缺陷，特别是中草药，基础理论研究不强，许多中药药理作用机制难以解释。随着新中国的成立与发展，我国加大了对中医中药的研究投入和政策倾向，重点扶持了一批具有代表性的中医中药产业，取得了许多重大科研成果，特别是诺贝尔奖得主屠呦呦对青蒿素提取工艺的研究成果，拯救了全世界数千万的疟疾病患者，有力推动了中药走出国门，走向世界。目前有关中药的研究热点大多集中在免疫多糖、中药抗菌活性分子、中草药制备工艺及细菌耐药性抑制等方面。

一、中药抗菌制剂的研究

由于中药成分复杂多样，所以中药抗菌研究对象多为单味中药。单味中药在临床上应用较多，在研究过程中，发现清热药有金银花、青蒿等；解表药有麻黄、桂枝等许多具有抗菌活性的中药。江震献等（2012）第一次对蝎子草的抗菌活性化合物进行了研究，从蝎子草中提取并分离得到了两个化合物，对羟基肉桂酸乙酯和 B-谷甾醇，发现对金黄色葡萄球菌均有良好的抑制效果。韦建华等（2011）以金黄色葡萄球菌、绿脓杆菌、大肠杆菌、表皮葡萄球菌对草龙有效成分进行抗菌活性研究，结果草龙提取物对以上 4 种细菌的抑菌效果很明显。

谢大泽等（2012）通过分析五倍子等中药对女性生殖道感染厌氧菌耐药菌株的抑制作用，发现五倍子、诃子对消化链球菌、脆弱类杆菌耐药菌株具有较强的抗菌活性。赵军（2017）发现黄芩苷与黄芩乙醇提取物均具有良好的体外抗幽门螺杆菌活性。王玲等（2017）通过研究中药常山散的体外抑菌活性，发现其对常见致病菌链球菌属、肠杆菌、真菌及芽孢杆菌均具有抗菌抑菌活性，其中对链球菌属和芽孢杆菌的抑菌效果较强。李钰乐等（2017）通过秦皮、黄连等 10 种中药对体外白色念珠菌浮游菌抑制作用的研究，发现黄连、秦皮和土槿皮对白色念珠菌生物膜具有明显抑菌效果。

传统观点认为，复方中药抗菌活性分子种类更多，作用靶点更广泛，且不同中药间具有较强的协同作用，所以复方中药抗菌效果优于单味中药。中药在复方用药、复方水提取物等方面的研究较多，效果明显。王新等（2009）通过黄芩、白头翁、苦参、秦皮用二倍稀释法测定不同组方对金黄色葡萄球菌、大肠杆菌和沙门氏菌的体外抑菌效果，试验结果得出 4 种中药体外抗菌最佳配伍比例为 1∶1∶2∶4。马朝等（2008）用双黄连片在体内做抑菌试验，研究表明细菌感染小鼠受双黄连片的保护作用很明显。游思湘等（2012）用注射剂复方黄连对白兔进行肌内注射，通过测定不同时间含药血清对金黄色葡萄球菌耐药性的抑菌圈的大小，最终表明复方黄连注射剂对金黄色葡萄球菌的耐药性具有很好的抑制效果。

曹俊敏等（2015）通过观察黄连解毒汤对白色念珠菌的体外抗真菌效果，发现其对白色念珠菌具有明显的抑制效果。吴蕊等（2008）通过观察黄连、黄芩等10种常见中药的水提取物对致病性大肠杆菌O86：H2的体外抑制作用，发现白头翁汤对致病性大肠杆菌具有较强抗菌作用。任书青等（2010）通过研究五倍子、黄芩和黄连联合应用对耐甲氧西林金黄色葡萄球菌（MRSA）的体外抗菌活性，发现黄芩与五倍子配伍对MRSA具有协同作用。黄秀深等（2007）通过研究黄连配伍黄芩对幽门螺旋杆菌的抗菌效果，发现黄连配伍黄芩对幽门螺旋杆菌抗菌效果优于单味黄连和黄芩组。

二、中药抗菌活性成分

中草药具有较强的抗菌抑菌效果，其发挥抗菌作用的主要是中药体内的一些抗菌活性分子或物质。随着现代医学对中药研究的不断深入，越来越多的抗菌活性成分不断被发现。目前，研究发现中药抗菌活性成分多为黄酮类、生物碱类、多糖类、有机酸类、挥发油类等。

黄酮类是色原烷或色原酮的衍生物。20世纪20年代，中药单体槲皮素在临床上的应用，使黄酮类成分引起了人们的重视。目前黄酮类化合物石吊兰素和黄芩苷已经应用到临床，而黄芩素、槲皮素、木犀草素、白杨素、大豆异黄酮、黄芩苷、桑色素、金丝桃苷及芹菜素也被证实有一定的抗菌作用。

生物碱类是一类含氮化合物，广泛存在于生物体内。常见生物碱类药物小檗碱是一种广谱抗菌药物，对常见大肠杆菌、葡萄球菌、绿脓杆菌具有较强杀灭抑制作用。此外研究发现苦参、贝母、白毛藤、麻黄、黄柏、常山、苦豆子、乌头等中草药中的生物碱也具有较为广泛的抗菌抑菌活性。

多糖类化合物是一类存在于多种中药体内的大分子化合物，其对肿瘤、高血糖等多种疾病的控制都具有较好的药理作用，除此之外还能杀灭抑制多种致病菌。目前发现的抗菌类多糖有黄芪多糖、马齿苋多糖、香菇多糖、白头翁粗多糖、猪苓多糖、茵陈多糖、苦丁茶多糖及山药多糖等。王记祥等（2012）对升麻化学成分的抗菌活性进行研究，研究结果得出兴安升麻苷 C、25-O-乙酰升麻醇、12β-羟基升麻醇 3 种化合物具有较好的抗菌效果，以兴安升麻苷 C 的抗菌活性最好。杨晓杰等（2012）研究结果表明蒲公英花内含有的多糖的有效成分具有一定的抗细菌和抗真菌作用。

有机酸类是一类含羧基的酸性化合物。研究发现金银花提取物绿原酸（一种有机酸）对大肠杆菌等多种常见致病菌具有较强抗菌活性。除此之外，目前研究发现具有抗菌杀菌的有机酸类药物还有熊果酸、延胡索酸、桂皮酸、甘草酸、琥珀酸和没食子酸等。

挥发油类中的中药大多具有抑菌作用，如枳实、艾叶、苍术等中药挥发油提取物都有不同程度的抑菌效果。赵夏博等（2012）研究证明降香挥发油的有效成分对金黄色葡萄球菌的耐药性均有抑制作用。

三、中药抗菌的作用机制

中药尤其复方中药由于成分复杂，大多数中药抗菌机制具有多重性，难以在体外复制抗菌实验，所以有关中药抗菌机制的研究较少，现有研究表明中药抗菌机制主要包括以下四个方面。

（1）改变细菌生物被膜和离子通道的通透性　随着电镜技术的普及与应用，研究人员发现中药可以破坏细菌细胞壁或细胞膜结构和功能的完整性，从而改变致病菌生物被膜和离子通道的通透性，达到杀菌抑菌的目的。如黄连素可以改变细菌体内钙离子通透性，使细菌体内钙离子平衡发生紊乱，最终导致细菌死亡。

（2）抑制细菌体内酶活性　酶在细菌新陈代谢中扮演着重要角色，它可以催化底物发生化学反应。研究表明，中药可以抑制细菌体内某些重要酶类，干扰致病菌的正常新陈代谢，继而引起致病菌死亡。如黄芩素能够抑制细菌拓扑异构酶的活性，使细菌不能进行正常新陈代谢，从而起到抗菌的作用。

（3）影响蛋白质的合成　蛋白质是所有生命体的物质组成基础，细菌所有的重要组成部分都有蛋白质的参与，许多中药通过影响蛋白质核酸的正常合成而起到很好的抗菌作用。如研究发现大豆异黄酮可以抑制金黄色葡萄球菌的蛋白质合成，使其蛋白总量下降 90.1%。

（4）增强机体免疫力　免疫系统是机体对病原微生物

最重要的天然防御屏障。研究表明，许多中药提取物或中药单体对免疫系统具有正向刺激作用，刺激畜禽机体体液免疫和细胞免疫的发生，从而间接杀灭细菌。如黄芪多糖对动物机体具有很强的免疫增强作用。

四、中药防控耐药菌感染的优势

我国传统中药在解决耐药细菌感染方面主要具有以下几点优势。

第一，价格低廉。我国中药材种类繁多，分布广泛，取材方便，相比于使用抗生素防控细菌感染来说，其价格低廉，非常适合大型规模化养殖场。

第二，抗菌活性较强且不易产生耐药性。中药抗菌活性较强，特别是一些清热燥湿和清热解毒类药物。如黄连对多种致病细菌具有较强抗菌活性。除此之外，中药具有多种抗菌抑菌途径，其作用靶点广泛，所以不易产生耐药性。

第三，具有耐药消除作用。中药可以消除或抑制细菌耐药性，恢复耐药菌对抗生素的敏感性，使抗生素能够正常用于防控致病菌感染。

第四，补中益气。中药可以增强机体抵抗力，提高机体体液免疫和细胞免疫水平，从而间接起到杀菌抑菌的作用。

第五，无污染残留。使用中药防控耐药菌感染无药物残留，机体排泄物对周围微生态环境不产生破坏，不会造成微生态失衡。

目前养殖场用中药防控耐药细菌感染具有诸多优势，所以我国应该加大中药对多重耐药菌的抗菌活性和耐药消除作用的研究投入，以此研制出更多更好的中药用于防控耐药菌感染，最大程度地减少养殖场的经济损失，提高养殖经济效益。

第三节　中药消除大肠杆菌耐药性的研究进展

抗生素的持续不当使用，使得多重耐药细菌对养殖业和人类健康的威胁越来越严重。而我国传统中草药不仅具有抗菌作用，对细菌耐药性也具有较强抑制作用，由此国内研究人员进行了大量科学研究，总体分为以下三个方面。

一、中药单体消除大肠杆菌耐药性的研究进展

中药单体因其成分明确一直是耐药消除研究的热点和难点。曹敏（2016）通过对天然 β-内酰胺酶抑制剂的筛选研究，发现芦荟大黄素、大蒜素、木犀草素、香紫苏醇、苦参碱，槲皮素和五味子甲素均能抑制 β-内酰胺酶的活性，且其抑制作用随其浓度的增大逐渐增强，其中芦荟大黄素对 β-内酰胺酶的抑制效果最好。罗芬芳（2013）通过黄藤素、没食子酸对大肠杆菌的耐药消除试验，发现二者均能增加大肠杆菌对抗生素的敏感性，但没食子酸作用效果不及黄藤素广泛。陈群等（1996）研究了小檗碱对大肠杆菌 R 质粒的消除作用，发现小檗碱（120g/L）对大肠杆菌的 R 质粒具有消除作用，消除率为 22.6%；从小檗碱对大肠杆菌 R 质粒的消除表型来看，经小檗碱作用24h，细菌均表现为单一耐药性的丢失，而经小檗碱作用48h，多数表现为单一耐药性的丢失，少数表现为两种耐药性的丢失。

二、单味中药消除大肠杆菌耐药性的研究进展

单味中药是目前研究最多的一类耐药消除药物。韦嫔等（2017）通过黄连、艾叶、金银花、五倍子及鱼腥草 5 种中药对猪源大肠杆菌耐药性的消除试验，发现除鱼腥草外，亚抑菌浓度下五倍子、金银花、黄连、艾叶作用 24h 后对大肠杆菌庆大霉素耐药性的消除率分别为12.5%、2.7%、5.3%、10.0%；作用 48h 后其消除率增长为 13.7%、3.5%、7.3%、10.9%。"抗细菌耐药性天然药物筛选及产品的研制与开发"课题组（2010）经过大量研究发现地锦草对大肠杆菌的耐药质粒有显著的消除作用，对 $rmtB$、$aac(3)$-II、$aadA1$ 三种耐药基因消除率分别为 87.5%、66.7%、100%。刘金平等（2018）通过中药提取物消除大肠杆菌对氨基糖苷类药物耐药性的研究，发现中药作用 48h 后，黄芩、五倍子、艾叶、黄连、鱼腥草的耐药消除率分别为 21.3%、

20.7%、16.7%、17.3%、9.3%，消除子对卡那霉素、庆大霉素、新霉素、阿米卡星的 MIC 值均由 $512\mu g/mL$ 降至 $2\sim4\mu g/mL$，同时还发现 5 种中药均能导致耐药基因 *rmtB* 丢失。

三、复方中药消除大肠杆菌耐药性的研究进展

目前复方中药消除细菌耐药性研究较少，但一般认为复方中药对细菌的耐药消除效果优于单味中药。芦亚君等（2007）通过 3 种中药方剂对大肠杆菌耐药性进行消除试验，发现三黄汤、黄连解毒汤和五味消毒饮均对大肠杆菌耐药性具有消除作用，最佳消除浓度和时间依次为 $0.2g/mL$、24h，$0.4g/mL$、12h，$0.3g/mL$、36h。任玲玲等（2010）通过中药复方制剂对大肠杆菌多重耐药基因 *acrA* mRNA 表达水平的研究，发现连黄复方制剂对 *acrA* mRNA 耐药基因表达具有抑制作用，作用机理为改变 *acrA* mRNA 基因序列，进而影响多重耐药大肠杆菌耐药外排系统的活性。舒刚等（2013）研究了黄连解毒汤、黄芩汤、泻心汤、三黄汤对大肠杆菌耐药质粒的影响，发现黄连解毒汤对耐药质粒消除效果最好，其次分别是泻心汤、三黄汤、黄芩汤。

目前，有关中药消除致病性大肠杆菌耐药作用机制的研究较少。张石磊等（2017）通过小檗碱对禽源大肠杆菌耐药消除作用的转录组学分析试验，发现小檗碱作用后，禽源大肠杆菌共有 45 个基因的表达量发生显著变化，其

中有 15 个基因表达量下调，30 个基因表达量上调，经过GO 功能富集分析和 KEGG 代谢通路富集分析，推测大肠杆菌多重耐药外排泵表达降低、细胞膜和细胞壁成分的改变是小檗碱耐药性消除作用的主要机制。芦亚君等（2010）通过测定中药作用前后大肠杆菌体内 β-内酰胺酶的活性大小，得出中药抑制超广谱 β-内酰胺酶的活性和表达是其降低大肠杆菌耐药性的作用机制之一。乐小丽等（2017）通过粉防己提取液对大肠杆菌体内 AcrAB-TolC外排泵调控基因的影响研究，发现经粉防己提取液处理后，耐药大肠杆菌的 $acrR$ 和 $marR$ 基因序列较处理前有多处明显突变，且乳酸环丙沙星的 MIC 值明显降低。刘坤友等（2016）利用荧光实时定量 PCR 检测技术分别测定了苦丁茶、小飞扬草和耐药大肠杆菌作用前后外排泵基因 $acrA$ mRNA 的表达，得出苦丁茶和小飞扬草耐药消除机制可能是降低多重耐药性大肠杆菌外排泵 $acrA$ 基因mRNA 表达量的结论。杭永付等（2011）则总结了中药消除致病性细菌耐药性的机制为消除抗药性 R 质粒；抑制细菌主动外排泵；抑制超广谱 β-内酰胺酶；抑制耐药基因的表达等。但这些机理目前尚未得到证实。

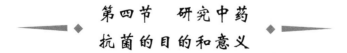

第四节　研究中药抗菌的目的和意义

　　抗生素在临床上治疗畜禽疾病、促进畜禽生长、提高机体免疫力等方面发挥着重要的作用。抗生素的使用多会以原形及其代谢产物的方式在畜禽机体内产生药物残留，或随着畜禽排泄物进入环境，对人类和畜禽构成威胁。已有研究证明，抗生素的药物残留不但会影响微生物数量及功能，还可以引起病原微生物的产生及耐药基因的传播，使环境中的耐药微生物成为优势菌群就要改变环境微生物的结构。

抗菌药在临床上广泛的应用进而使治疗效果减弱或消失，导致猪场致病性多重耐药菌的出现、病程延长、治疗困难并且还能引起相应的并发症，从而增加猪场发病率和病死率，给畜牧业带来严重的经济损失。畜牧业转型升级需要建设绿色生态畜牧业，这是促进畜牧业经济增长、实现畜牧业可持续发展的迫切要求，也是净化养殖环境、建设"生态文明，美丽中国"的必然选择。

在疾病抗感染治疗中，中药及其复方对细菌感染不易产生耐药性及药物残留。大多中药具有延缓、消除、抑制、逆转细菌耐药性以及耐药基因的作用。研究中药及其复方对猪源大肠杆菌多重耐药菌的抑制作用，对于抑制多重耐药菌、预防养殖场畜禽疾病、净化饲养环境、保护人类健康等具有重要现实意义。

本试验通过选用 15 种临床常见中药材，测定比较每种中药对猪源多重耐药大肠杆菌的抗菌活性和耐药消除作用。目的是筛选对猪源多重耐药大肠杆菌同时具有较强抗菌活性和耐药消除作用的中药，为养殖场防控猪源多重耐药大肠杆菌提供新的思路，同时也为其它耐药菌感染治疗提供参考价值和指导意义。

第三章

规模化猪场大肠杆菌的耐药性检测分析

　　大肠杆菌的耐药性存在着地域性、复杂性、多样性，抗菌药物在各地区使用不同所产生的耐药性也有所不同；细菌耐药性在各菌株之间也有很大的差异，其耐药性变化也快。随着细菌耐药性的不断增加，当今国内外学者对细菌耐药性的研究、探索最多的是中药。由于中药具有抑制、延缓抗菌的作用，不易产生耐药性，因此，现在引起很多人的关注，也逐步成为了研究的热点。本章试验利用致病性试验保存下来的大肠杆菌，通过 K-B（Kirby-Bauer）纸片扩散法对分离致病性大肠杆菌耐药性进行检测分析，为以后临床用药提供可靠的依据。

◆ 第一节　试验材料 ◆

一、材料来源

（1）病料来源　2016 年 5 月在河南省洛阳市规模化猪场采取未断奶的不同窝腹泻仔猪的直肠粪便样品 40 份；

（2）试验动物来源　200 只体重在 20g 左右的雄性小白鼠（购于河南省动物实验中心）。

二、主要培养基

营养肉汤培养基、麦康凯琼脂培养基、伊红-美蓝琼脂培养基、LB 培养基、普通营养琼脂培养基、MH 琼脂培养基（河南科技大学临床实验室自配）。

三、试验仪器准备

YXQ.SG41.28015 型高压灭菌锅（上海医用核子仪器厂），THZ-312 恒温培养摇床（上海精宏实验设备有限公司），H1211186 恒温培养箱（上海精宏实验设备有限公司），SW-CJ-1D 型无菌超净台（苏州净化设备有限公司），电子天平由赛多利斯科学仪器（北京）有限公司生产，GZX-9070MBE 数显鼓风干燥箱（上海博迅实业有限公医疗设备厂)、平皿、接种棒、酒精灯、烧杯、一次性注射器、小鼠笼子、手术刀、剪刀等由河南科技大学临床实验室提供。

四、细菌微量生化鉴定管

葡萄糖、赖氨酸、鸟氨酸、硫化氢、蛋白胨水、乳糖、卫矛醇、苯丙氨酸等生化管(购于杭州天和微生物试剂有限公司)。

五、主要药品

(1)抗生素药敏纸片 青霉素、氨苄西林、头孢曲松、头孢唑啉、庆大霉素、卡那霉素、新霉素、红霉素、丁胺卡那、多西环素等 10 种抗菌药物(购于杭州天和微生物试剂有限公司)。

(2)质控菌株 大肠杆菌 ATCC25922(购于中国兽医药品监察所)。

(3)单味中药 黄连、黄芩、萹蓄、鱼腥草、积雪草、白头翁、秦皮、香薷等(购于河南省洛阳市中药材市场)。

(4)中药组方 加味白头翁汤(白头翁 30g、黄连 20g、黄柏 30g、秦皮 30g、穿心莲 40g)、加味黄连解毒汤(黄连 40g、黄芩 30g、黄柏 30g、栀子 30g、生地 30g)(购于河南省洛阳市中药材市场)。

------◆ **第二节　试验方法** ◆------

一、主要培养基的配制

营养肉汤培养基：蛋白胨 7～8g，牛肉膏 2～2.5g，氯化钠 3.5～4g，蒸馏水 750mL，pH 7.0～7.4；麦康凯琼脂培养基的组成为：蛋白胨 12～18g，牛胆盐 3.5～4g，氯化钠 3.5～4g，琼脂 10～15g，乳糖 7～8g，中性红 0.01～0.03g，蒸馏水 750mL，pH 7.0～7.4；伊红-美蓝琼脂培养基：蛋白胨 7.5～8.5g，乳糖 7～8g，磷酸氢二钾 1.2～1.8g，琼脂 15～20g，2％伊红水溶液 12～18mL，0.5％美蓝水溶液 10～15mL，蒸馏水 750mL，pH 7.2～7.4；LB 肉汤培养基：胰蛋白胨 7.5～8g，酵母浸粉 3.5～4g，氯化钠 7.5～8g，蒸馏水 750mL，pH 6.8～7.2；普通营养琼脂培养基：蛋白胨 7～8g，牛肉粉 2～3g，氯化钠 3.5～4g，琼脂 10.5～11g，蒸馏水 750mL，pH 7.0～7.3；MH 培养基：牛肉膏 4.5～5g，酪蛋白水解物 12.5～13g，可溶性淀粉 1.0～1.5g，琼脂 10.5～11g，蒸馏水 750mL，pH 7.2～7.4。

二、大肠杆菌的分离培养

将规模化猪场采集的 40 份猪直肠粪样品接种于营养

肉汤培养基中并置于摇床，于 37℃、150r/min 下培养
24h。培养过后在超净工作台中采用平板划线法进行分
离，用无菌接种棒挑取少量的菌液接种于麦康凯琼脂平
板上进行划线分离，将平板置于 37℃培养箱培养 18～
24h，观察菌落的生长情况。麦康凯琼脂培养基形成粉
红色菌落后，用无菌接种棒挑取典型的单个菌落，无
菌接种于伊红-美蓝琼脂培养基上，于 37℃培养箱培养
18～24h，观察菌落的生长情况，如是否形成紫黑色有
或没有金属光泽的菌落，挑取单个菌落接种于载玻片
上进行革兰氏染色，在光学显微镜下对细菌的形态进
行观察记录。

三、大肠杆菌的革兰氏染色

（1）涂片　将培养的细菌菌落通过火焰进行涂片
固定。

（2）初染　在玻片上滴加 2 滴草酸铵结晶紫溶液，染
色 1min，用自来水冲洗。

（3）媒染　滴加 2 滴碘液，染色 1min，用自来水冲
洗，并用吸水纸吸干玻片。

（4）脱色　玻片吸干后，滴加 95% 乙醇溶液脱色，
30s 后水洗，用吸水纸吸干玻片。

（5）复染　最后滴加 2 滴复红染液，复染 1min，用
自来水冲洗。

（6）镜检　染色后，用香柏油覆盖涂菌部位，并将玻

片置于显微镜下观察，先用低倍镜找到细菌，再换用高倍镜观察染色情况和细菌形态。

四、大肠杆菌的生化鉴定

分别取细菌生化鉴定管用砂轮划痕从鉴定管中间折断，鉴定管两端分别作为空白组和试验组。用无菌棒挑取单个或成对的疑似大肠杆菌菌落接种于鉴定管试验组的一端，使菌落与检测液充分混合均匀。用封口胶将生化鉴定管断口处进行密封后置于37℃培养箱培养18～24h，培养后与空白对照组对照，观察其颜色的变化，并参照编码值检索肠杆菌科细菌生化编码表来判断菌株的种属性。

五、攻毒菌的培养

将分离鉴定保存后的17株猪源大肠杆菌分别接种于LB肉汤培养基中，于温度37℃、转速120r/min下摇床培养，至菌液的OD_{625}值达到0.9。

六、致病性试验

对购买的190只体重在20g左右的小白鼠进行随机分组。用分光光度计间断检测培养后菌液的OD_{625}值，当达到0.8～1.0时，分别取标记1～17号试管中的菌液0.2mL对小白鼠进行腹腔注射。10只/组，每株菌的菌液注射一组，共17组。再将剩余小白鼠随机分2组选取10

只小白鼠进行空白对照，腹腔注射 0.2mL 的无菌生理盐水，注射后 12～72h 观察小白鼠的发病和死亡情况。如果发现有发病与病死小白鼠，对小白鼠进行剖检，取其心血、肝、脾进行细菌分离鉴定（细菌分离培养鉴定步骤同二、三、四），观察其培养特性、菌落形态、生化鉴定是否符合攻毒原菌株的大肠杆菌，如果符合大肠杆菌的条件则判定为致病性大肠杆菌。

七、抗生素的药敏试验

按照 K-B（Kirby-Bauer）法对分离的大肠杆菌进行药敏试验。在普通营养琼脂平皿上挑取典型的单个或成对的菌落接种于 4mL 肉汤培养基中，置 37℃ 摇床培养 6h，以 0.5 麦氏单位为标准，用灭菌生理盐水校正菌液浓度。在 15min 内用无菌棉拭子将菌液接种于 Muller-Hinton 琼脂平板，用无菌的棉拭子蘸取培养菌液，将 MH 琼脂平板表面涂布整个菌液，反复涂抹多次，直到均匀为止。接种好的平板在室温下干燥 3～5min，在 15min 内用无菌眼科镊子小心将药敏纸片放在琼脂表面并轻轻按压，使纸片与琼脂表面完全接触。每个平板贴 5～7 种药敏纸片，药敏纸片间的距离不能低于 24mm 并且进行标记。标记好后将带有药敏纸片的平板放置 37℃ 培养箱，培养 16～18h 后观察记录抑菌圈直径。根据说明书上药物敏感性判定标准判定药敏试验结果。

八、单味中药的药敏试验

对于单味中药，根据中药的特性，选取具有清热解毒、抗菌能力的黄连、黄芩、萹蓄、鱼腥草、积雪草、白头翁、秦皮、香薷等 8 种中药。称取单味中药 30g，放入煎药罐子中加水 300mL 浸泡后放电炉上进行煎熬。当药液煎至少许时，将其倒出，再加 100mL 水煎熬，煎至少量，倒出，两次合并后继续在小烧杯中对两次药液进行浓缩，直至中药液浓缩至 30mL，即得 1g/mL 生药药液。用灭菌棉拭子蘸取菌液涂布于平板表面，不断旋转平板，使菌液涂布均匀，最后在平板的周围涂抹。用制备好的药敏纸片蘸取浓缩后的中药液后，紧贴于平板上，标记，放入 37℃恒温箱中培养 18～24h，观察结果，测量抑菌圈直径。

九、中药组方的药敏试验

称取各组方包含中药的量，加入适量的水，使其水面高出药物即可，浸泡后放电炉上进行煎熬。煎至药液较少时，倒出，再加入适量的水煎至少量，倒出，两次合并后继续在小烧杯中加热浓缩，直至中药液浓缩至 30mL，即得 1g/mL 生药液。用灭菌棉拭子蘸取菌液涂布于平板表面，不断旋转平板，使菌液涂布均匀，最后在平板的周围涂抹。用制备好的药敏纸片蘸取煎熬的中药液后，紧贴于平板上，标记，放入 37℃恒温箱中培养 18～24h，观察结果，测量抑菌圈直径。

◆━━━◆ 第三节　结果 ◆━━◆━━◆

一、大肠杆菌分离培养结果

将采集的 40 份样品经过细菌的纯培养，分离出 17 株可疑菌株。且在麦康凯琼脂培养基上培养可见湿润光滑，中间略凸，粉红色，直径约为 1.5 ～ 2mm 的菌落（图 3-1）；伊红-美蓝琼脂培养基上可见紫黑色有或没有金属光泽的菌落（图 3-2）。以上培养结果均符合大肠杆菌的培养特性。

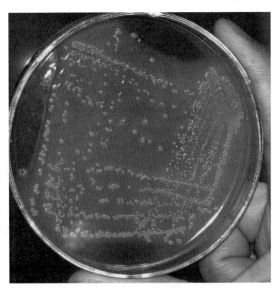

图 3-1　麦康凯琼脂培养基

图 3-2 伊红-美蓝琼脂培养基

二、大肠杆菌生化鉴定结果

分离的 17 株细菌均符合大肠杆菌的基本生化特性。葡萄糖反应为产酸产气；鸟氨酸、硫化氢、靛基质、乳糖、尿素等反应结果大多呈阴性；赖氨酸、卫矛醇、苯丙氨酸、枸橼酸盐等反应结果大多呈阴性。根据肠杆菌科细菌生化鉴定编码册来判定以上生化结果符合大肠杆菌的生化特性，生化结果见表 3-1。

表 3-1 生化鉴定结果

菌株	葡萄糖	赖氨酸	鸟氨酸	硫化氢	靛基质	乳糖	卫矛醇	苯丙氨酸	尿素	枸橼酸盐
1	＋	－	＋	＋	＋	＋	－	－	－	－
2	＋	－	＋	＋	＋	＋	－	－	－	－
3	＋	－	＋	＋	＋	＋	－	－	－	－
4	＋	－	＋	＋	＋	＋	－	－	－	－
5	＋	－	＋	＋	＋	＋	－	－	－	－
6	＋	－	＋	＋	＋	＋	－	－	－	－
7	＋	－	＋	＋	＋	＋	－	－	－	－
8	＋	－	＋	＋	＋	＋	－	－	－	－
9	＋	－	＋	＋	＋	＋	－	－	－	－
10	＋	－	＋	＋	＋	＋	－	－	－	－
11	＋	－	＋	＋	＋	＋	－	－	－	－
12	＋	－	＋	＋	＋	＋	－	－	－	－
13	＋	－	＋	＋	＋	＋	－	－	－	－
14	＋	－	＋	＋	＋	＋	－	－	－	－
15	＋	－	＋	＋	＋	＋	－	－	－	－
16	＋	－	＋	＋	＋	＋	－	－	－	－
17	＋	－	＋	＋	＋	＋	－	－	－	－

注："＋"代表阳性，"－"代表阴性

三、大肠杆菌染色和镜检

结果表明：17 株菌的形态均表现为革兰氏阴性菌，即两极浓染、两端钝圆、单个或成对存在、长约 1.5～

3.0μm 的短小杆菌，疑似大肠杆菌（图 3-3）。

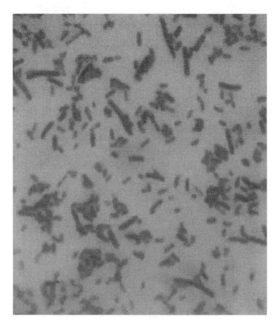

图 3-3 革兰氏染色结果

四、菌种保存

经生化反应鉴定为大肠杆菌者，用无菌棒挑取单个或成对的大肠杆菌菌落接种于营养肉汤培养基中，放置于摇床上，于 37℃、150r/min 下培养 18h。在新鲜菌液中按体积比 1∶1 加入灭菌的甘油（体积分数 20％），混合均匀后得到 10％的甘油菌，再置于 -20℃冰箱中保存备用（图3-4）。

图 3-4　大肠杆菌试管保存

五、致病性试验结果

注射大肠杆菌菌液的 17 组小白鼠 6h 后可见精神萎靡，行动减少，有的还出现颤抖等情况，18～24h 后全部死亡（表 3-2）。而对照组注射无菌生理盐水的小白鼠生长 1 周后仍没有死亡。出现急性死亡的小鼠，临床表现为最初腹泻，有腥臭味，严重脱水，迟钝，眼睛无光，最后昏迷死亡。对其进行剖检，可见脾脏肿大，内脏严重充血并伴有出血现象；慢性死亡的小鼠，可见肠壁变薄，肠黏膜脱落并有胸腔积液，心包积液（图 3-5～图 3-8）。

表 3-2　17 株菌株的致病性试验结果

分组	注射液	8h 死亡数量	18h 死亡数量	死亡率	24h 死亡数量	死亡率
实验 1 组	1 号菌株	4 只	9 只	90%	全部死亡	100%
实验 2 组	2 号菌株	6 只	全部死亡	100%	全部死亡	100%
实验 3 组	3 号菌株	5 只	8 只	80%	全部死亡	100%
实验 4 组	4 号菌株	7 只	全部死亡	100%	全部死亡	100%
实验 5 组	5 号菌株	5 只	9 只	90%	全部死亡	100%
实验 6 组	6 号菌株	6 只	8 只	80%	全部死亡	100%
实验 7 组	7 号菌株	3 只	7 只	70%	全部死亡	100%
实验 8 组	8 号菌株	4 只	7 只	70%	全部死亡	100%
实验 9 组	9 号菌株	8 只	全部死亡	100%	全部死亡	100%
实验 10 组	10 号菌株	2 只	6 只	60%	全部死亡	100%
实验 11 组	11 号菌株	3 只	7 只	70%	全部死亡	100%
实验 12 组	12 号菌株	4 只	7 只	70%	全部死亡	100%
实验 13 组	13 号菌株	6 只	9 只	90%	全部死亡	100%
实验 14 组	14 号菌株	6 只	全部死亡	100%	全部死亡	100%
实验 15 组	15 号菌株	4 只	6 只	60%	全部死亡	100%
实验 16 组	16 号菌株	4 只	8 只	80%	全部死亡	100%
实验 17 组	17 号菌株	7 只	全部死亡	100%	全部死亡	100%
对照 1 组	无菌生理盐水	无死亡	无死亡	0	无死亡	0
对照 2 组	无菌生理盐水	无死亡	无死亡	0	无死亡	0

图 3-5　死亡小鼠

图 3-6　死亡小鼠

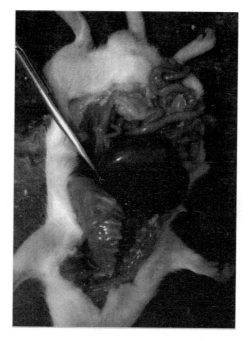

图 3-7　小鼠脾脏肿大

小鼠内脏器官的分离鉴定结果：分别采集 17 组死亡小鼠的心脏、肝脏和脾脏，进行细菌的分离鉴定。结合细菌的培养特性、菌落形态和生化鉴定结果，与攻毒菌株进行比对，结果表明分离各菌株的判定指标均与攻毒菌株相同，说明 17 株菌均为致病性大肠杆菌。

六、抗生素药敏试验结果

药敏试验结果参照美国临床实验室标准化委员会（NCCLS）的标准进行判定。培养 24h 后用游标卡尺量取抑菌圈直径，结果依据肠杆菌科标准判定。抑菌圈直径大

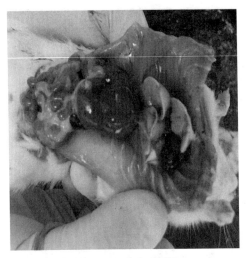

图 3-8　心包积液

于 20mm 为极敏感、抑菌圈直径在 15～20mm 之间为高敏感、抑菌圈直径在 10～15mm 之间为中敏感、抑菌圈直径小于 10mm 或无抑菌圈为耐药（图 3-9～图 3-11）。

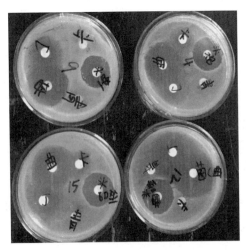

图 3-9　青霉素无抑菌圈

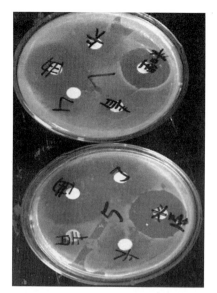

图 3-10 青霉素、卡那霉素无抑菌圈

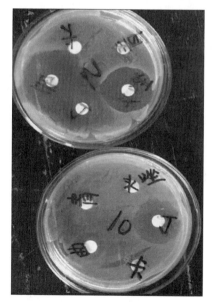

图 3-11 青霉素、卡那霉素无抑菌圈

其抗菌药物药敏试验结果见表 3-3。

表 3-3　17 株大肠杆菌对 10 种抗生素的耐药情况

抗生素	含量/(μg/片)	极敏	高敏	中敏	耐药	耐药率
青霉素	10	0	0	0	17	100%
头孢曲松	30	11	1	2	3	17.6%
头孢唑啉	30	2	6	0	9	52.9%
卡那霉素	30	0	8	3	6	35.2%
氨苄西林	10	0	0	1	16	94.1%
新霉素	30	3	4	3	7	41.1%
庆大霉素	10	3	2	3	9	52.9%
丁胺卡那	30	1	4	2	10	58.8%
红霉素	15	0	1	1	15	88.2%
多西环素	30	0	1	2	14	82.3%

从表 3-3 可以看出，通过 K-B 法对分离到的大肠杆菌进行耐药性检测，10 种抗生素对 17 株致病性大肠杆菌均有不同程度的作用。结果筛选出 17 株致病性大肠杆菌对青霉素（100%）、氨苄西林（94.1%）、红霉素（88.2%）、多西环素（82.3%）等药物的耐药性强；对丁胺卡那（58.8%）、庆大霉素（52.9%）、头孢唑啉（52.9%）、新霉素（41.1%）、卡那霉素（35.2%）、头孢曲松（17.6%）敏感。

七、单味中药药敏试验结果

通过 K-B 法对分离到的大肠杆菌进行中药的耐药性检测，17 株猪源致病性大肠杆菌对 8 种受试中药表现不同程度的耐药性。结果筛选出 17 株致病性大肠杆菌对单味药萹蓄（70.5％）、鱼腥草（64.7％）、积雪草（64.7％）等中药耐药性强；对香薷（58.8％）、白头翁（47.0％）、秦皮（35.2％）、黄芩（29.4％）、黄连（17.6％）敏感（图 3-12～图 3-15）。

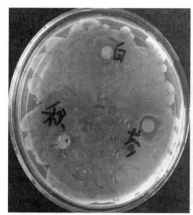 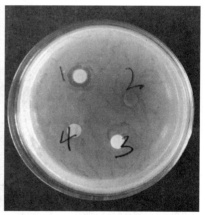

图 3-12 白头翁、积雪草、 黄芩药敏试验结果

图 3-13 黄连、秦皮、香薷、 萹蓄药敏试验结果

其单味中药药敏试验结果见表 3-4。

表 3-4　17 株大肠杆菌对 8 种中药的耐药情况

中药	含量/(g/mL)	极敏	高敏	中敏	耐药	耐药率
黄连	1	0	4	10	3	17.6％

续表

中药	含量/(g/mL)	极敏	高敏	中敏	耐药	耐药率
黄芩	1	0	2	10	5	29.4%
萹蓄	1	0	0	5	12	70.5%
白头翁	1	0	1	8	8	47.0%
鱼腥草	1	0	0	6	11	64.7%
积雪草	1	0	0	6	11	64.7%
秦皮	1	0	1	10	6	35.2%
香薷	1	0	0	7	10	58.8%

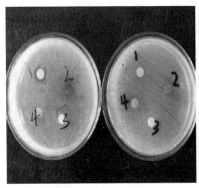

图 3-14　不同中药组
药敏试验结果

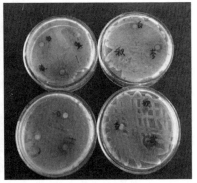

图 3-15　不同中药组
药敏试验结果

八、中药组方药敏试验结果

17 株大肠杆菌对组方加味黄连解毒汤（23.5%）、加味白头翁汤（35.2%）具有较强的敏感性，结果见

图 3-16、图 3-17），药敏试验结果见表 3-5。

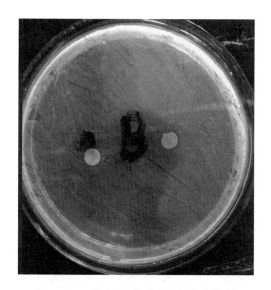

图 3-16 中药组方的药敏试验结果

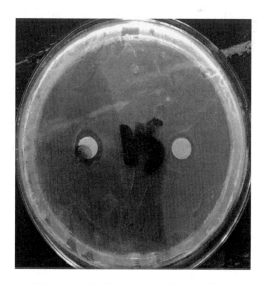

图 3-17 中药组方的药敏试验结果

表 3-5   17 株大肠杆菌对 2 种中药组方的耐药情况

中药组方	含量/(g/mL)	极敏	高敏	中敏	耐药	耐药率
加味白头翁汤	1	0	1	10	6	35.2%
加味黄连解毒汤	1	0	2	11	4	23.5%

第四节 讨论与结论

随着抗生素的长期运用，大肠杆菌交叉感染的耐药菌株的不断出现，使大肠杆菌病在临床上的治疗变得十分困难。我国中药是天然物质，资源丰富。国内外许多学者研究表明，有很多中药含有多种生物有效成分，具有很强的抗菌、消炎作用。中药还可做营养剂，促进动物生长、提高免疫力。在临床上可以防控疾病又不易产生耐药性，还能抑制细菌耐药性的产生，对人类的身体健康也不会造成危害。

肠道大肠杆菌是人类以及畜禽群体中的一个潜在的传染源，大肠杆菌的感染大多来自肠道。长期以来都认为大肠杆菌是条件性致病菌，有些原发性致病菌能够引起仔猪白痢、仔猪黄痢及仔猪水肿病。致病性大肠杆菌可以引起人和畜禽的发病，尤其对人类的危害更加严重。在发生某种细菌感染时，应及时对细菌进行分离鉴定、致病性试验、耐药性检测，有针对性地采取综合防治措施已成为规模化猪场的主要手段。

　　本章试验为确保分离结果的准确性、可靠性，先后通过选择性培养基对细菌进行培养、菌落形态的观察、染色镜检和各种生化反应来确定 17 株菌株为大肠杆菌。从大肠杆菌的分离培养和生化鉴定结果来看，分离得到的大肠杆菌数量较多，分离率达 42.5%。通过对规模化猪场采集的样品分离鉴定确定的 17 株大肠杆菌菌株进行致病性试验，分离株大肠杆菌致病性程度均有不同，且 18h 死亡率较高，达 60% 以上。分离出来的 17 株大肠杆菌菌株全部对小白鼠具有致病性，24h 死亡率达 100%。因此，17 株大肠杆菌可判定为致病性大肠杆菌。

　　发现该菌对某些药物具有耐药性，对青霉素（100%）、氨苄西林（94.1%）、红霉素（88.2%）、多西环素（82.3%）等药物的耐药性强，耐药率达 80% 以上；对丁胺卡那（58.8%）、庆大霉素（52.9%）、头孢唑啉（52.9%）、新霉素（41.1%）、卡那霉素（35.2%）、头孢曲松（17.6%）敏感。而对单味药萹蓄（70.5%）、积雪草（64.7%）、鱼腥草（64.7%）等中药耐药性强；对香薷（58.8%）、白头翁（47.0%）、秦皮（35.2%）、黄芩（29.4%）、黄连（17.6%）敏感。对组方加味白头翁汤（35.2%）、加味黄连解毒汤（23.5%）具有较强的敏感性。结果分析，该菌对四种抗生素的耐药性达到了 80% 以上，单味中药最高的在 70%，复方甚至更低，说明中药的作用效果比抗生素明显。组方加味白头翁汤含有黄连，加味黄连解毒汤含有黄连和黄芩。综合单味中药和中药组方的作用效果，选出中药黄连、黄芩作用效果明显。

　　本章试验通过抗生素、单味中药以及中药组方对大肠杆菌耐药性进行检测，根据结果，中药的抑菌效果比抗生素的效果明显。特别是中药黄连、黄芩具有很强的抑菌作用，其次是白头翁和秦皮。对于敏感性高的药物在使用之前应对其进行检测，不能长期使用，避免耐药性的产生。现在大多数研究更倾向于中药，运用中药在于设备简单、操作方法简便、可以在很短的时间对大批中药材进行筛选。因此，现在中药抗细菌的耐药性成为了一个研究热点。

第四章

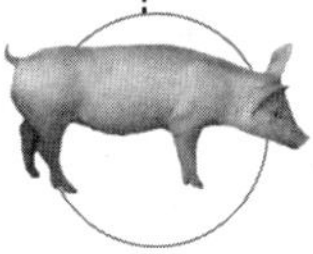

规模化猪场大肠杆菌多重耐药菌耐药基因的检测

抗菌药物在治疗大肠杆菌方面起到了很大的作用，随着我国畜牧业的不断发展，大肠杆菌的耐药性以及耐药基因的出现不断增加。目前，国内外研究者利用分子生物学技术对细菌的耐药基因进行检测、定位、同源性序列的对比等分析，从而控制耐药性的产生。本章内容通过 PCR 应用技术对大肠杆菌耐药菌株携带的耐药基因进行检测、分析，在此基础上筛选出耐药基因类型，对临床上针对性的治疗具有重要意义。

◆ 第一节 试验材料 ◆

一、试验用主要培养基

LB 肉汤培养基、普通营养琼脂培养基（河南科技大学临床实验室自配）。

二、试验仪器

TG16-WS 离心机（湖南湘仪实验室仪器开发有限公司），MG48G 型梯度 PCR 仪（杭州朗基科学仪器有限公司），DYY-8B 型电泳仪（北京市六一生物科技有限公司），电泳槽（北京市六一生物科技有限公司），DC-1 万用电炉（上海科恒实业发展有限公司），凝胶成像仪（上海天能科技有限公司），HH.S11-2-S 水浴锅（上海跃进医疗器械有限公司），微量移液枪由赛默飞世尔（上海）仪器有限公司生产，枪头（杭州天和微生物试剂有限公司）、GZX-9070MBE 数显鼓风干燥箱（上海博迅实业有限公司医疗设备厂）等。

三、试验用主要试剂

无水乙醇（批号：20140902，烟台市双双化工有限公司），质粒小量提取试剂盒、DL2000 DNA Marker 购于生工生物工程（上海）股份有限公司，RNase-Free Water、GoldView、2×Taq PCR Master Mix（含 2×Taq DNA 聚合酶、2×dNTP、2×PCR buffer 和 $MgCl_2$）购于宝生物工程（大连）有限公司。

四、试验主要检测耐药基因

氨基糖苷类 [aac (3)-II]，β-内酰胺类（TEM、

SHV、*CTX-M*），四环素类（*tetA*、*tetC*），大环内酯类（*ermB*、*ermC*）等 4 种抗生素类的耐药基因。

五、PCR 引物

根据参考文献所用引物序列（表 4-1），对氨基糖苷类 [*aac*(3)-Ⅱ]、*β*-内酰胺类（*TEM*、*SHV*、*CTX-M*）、四环素类（*tetA*、*tetC*）、大环内酯类（*ermB*、*ermC*）等 4 种抗生素类的耐药基因进行 PCR 检测。PCR 引物由生工生物工程（上海）股份有限公司合成。

表 4-1 大肠杆菌耐药基因扩增引物序列

耐药基因	序列(5′→3′)	目的片段/bp
aac(3)-Ⅱ	5′-GGCGACTTCACCGTTTCT-3′ 5′-GGACCGATCACCCTACGAG-3′	412
TEM	5-GGGGATGAGTATTCAACATTTCC-3′ 5′-GGGCAGTTACCAGTGCTCGATCA-3	861
SHV	5′-GGTTATGCGTTATATTCGCCTGTG-3′ 5′-TTAGCGTTGCCAGTGCTCGATCA-3′	861
CTX-M	5′-GCAGATAATACGCAGGTG-3′ 5′-CGGCGTGGTGGTGTCTCT-3′	393
tetA	5′-GCTACATCCTGCTTGCCTTC-3′ 5′-CATAGATCGCCGTGAAGAGG-3′	210
tetC	5′-CTTGAGAGCCTTCAACCCAG-3′ 5′-ATGGTCGTCATCTACCTGCC-3′	418
ermB	5′-AAAACTTACCCGCCATACCA-3′ 5′-TTTGGCGTGTTTCATTGCTT-3′	126
ermC	5′-GAAATCGGCTCAGGAAAAGG-3′ 5′-TAGCAAACCCGTATTCCACG-3′	291

━━━◆ 第二节　方法 ◆━━━

一、菌种保存及 DNA 提取

实验操作前将 SolutionⅢ置于 4℃（或冰上）预冷。步骤如下：

① 大肠杆菌的培养，无菌条件下将各菌株接种于 LB 肉汤培养基中，37℃培养 24h 后，划线接种于营养琼脂培养基，37℃培养 24h，挑取单菌落接种于 1～4mL 的 LB 肉汤培养基中进行纯培养，增菌 6h。调节各菌液浓度，使其 OD_{625} 值为 0.10。

注：为防止纯化时质粒的纯度受到影响，培养液不宜过量，菌量太大会导致溶菌不充分。

② 取 1～4mL 的过夜培养菌液，12000r/min 离心 2min，弃上清。

③ 用 250μL 的 SolutionⅠ（含 RNaseA）充分悬浮细菌沉淀。

注：使用振荡器（Vortex）等器械剧烈振荡使菌体充分悬浮，不要残留细小菌块。

④ 加入 250μL 的 SolutionⅡ轻轻上下翻转混合 5～6 次，使菌体充分裂解，形成透明溶液。

注：不可剧烈振荡，轻轻颠倒混合，时间不宜超

过 5min。

⑤ 加入 350μL 的 4℃ 预冷的 SolutionⅢ，轻轻上下翻转混合 5～6 次，直至形成紧实凝集块，然后室温静置 2min。

⑥ 室温 12000r/min 离心 10min，取上清。

注：此时 4℃ 离心不利于沉淀沉降。

⑦ 将试剂盒中的 Spin Column 安置于 Collection Tube 上。

⑧ 将操作步骤⑥的上清液转移至 Spin Column 中，12000r/min 离心 1min，弃滤液。

⑨ 将 500μL 的 Buffer WA 加入 Spin Column 中，12000r/min 离心 30s，弃滤液。

⑩ 将 700μL 的 Buffer WB 加入 Spin Column 中，12000r/min 离心 30s，弃滤液。

注：确认 Buffer WB 中已经加入了指定体积的 100％乙醇。

⑪ 重复操作步骤⑩。

⑫ 重新将 Spin Column 安置于 Collection Tube 上，12000r/min 离心 1min，除尽残留洗液。

⑬ 将 Spin Column 安置于新的 1.5mL 的离心管上，在 Spin Column 膜中央加入 50μL 的灭菌蒸馏水或 Elution Buffer，室温静置 1min。

注：将灭菌蒸馏水或 Elution Buffer 加热至 60℃ 使用，有利于提高洗脱效率。

⑭ 12000r/min 离心 1min 洗脱 DNA，并于 −20℃ 保存备用。

二、大肠杆菌耐药基因 PCR 扩增

以质粒 DNA 为模板，用 10 对引物对 17 株试验菌进行 PCR 检测。PCR 反应体系如下：质粒 DNA 模板 $1\mu L$，双蒸水 $7.6\mu L$，上、下游引物各 $0.7\mu L$，$2\times$ Taq PCR Master Mix（含 $2\times$ Taq DNA 聚合酶、$2\times$ dNTP、$2\times$ PCR buffer 和 $MgCl_2$）$10\mu L$，反应条件见表 4-2。PCR 产物经 1.5% 或 2% 琼脂糖凝胶电泳进行检测（*TEM*、*SHV* 的基因 PCR 产物用 1.5% 的琼脂糖，其他基因的 PCR 产物用 2% 琼脂糖），电泳结果用凝胶成像仪观察并拍照。其中变性、退火、延伸经过 36 个循环。

表 4-2　耐药基因 PCR 扩增反应的条件

基因	预变性	变性	退火	延伸	保温
aac(3)-Ⅱ	94℃/5min	94℃/30s	56℃/30s	72℃/2min	72℃/10min
TEM	94℃/5min	94℃/30s	37℃/30s	72℃/2min	72℃/10min
SHV	94℃/5min	94℃/30s	58℃/30s	72℃/2min	72℃/5min
CTX-M	94℃/5min	94℃/30s	58.5℃/30s	72℃/2min	72℃/5min
tetA	94℃/5min	94℃/30s	55℃/30s	72℃/2min	72℃/10min
tetC	94℃/5min	94℃/30s	55℃/30s	72℃/2min	72℃/10min
ermB	94℃/5min	94℃/30s	54℃/30s	72℃/2min	72℃/5min
ermC	94℃/5min	94℃/30s	54℃/30s	72℃/2min	72℃/5min

━━━◆ 第三节　结　果 ◆━━━

一、大肠杆菌耐药基因 PCR 扩增结果

对 17 株菌进行 TEM、SHV、$CTX\text{-}M$、$tetA$、$tetC$、$ermB$、$ermC$、aac（3）- Ⅱ 等耐药基因的 PCR 扩增。结果显示 TEM、$CTX\text{-}M$、$tetA$、$ermB$、aac（3）- Ⅱ 等 5 个基因型有明显的条带，SHV 型和 $tetC$、$ermC$ 型基因没有检测出条带，并且 5 个耐药基因的目的条带与预期的相吻合，检出率较高（表 4-3），分离株基因 PCR 结果见图 4-1～图 4-5。

表 4-3　17 株大肠杆菌耐药基因检测情况

基因	被检菌株数	检出菌株数	检出率
aac（3）- Ⅱ	17	15	88.2%
TEM	17	14	82.3%
SHV	17	0	0
$CTX\text{-}M$	17	8	47.0%
$tetA$	17	14	82.3%
$tetC$	17	0	0
$ermB$	17	8	47.0%
$ermC$	17	0	0

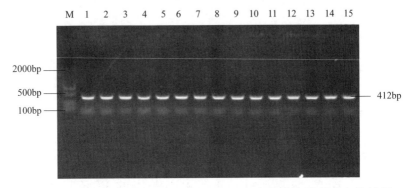

图 4-1　氨基糖苷类 *aac*(3)-Ⅱ基因的 PCR 产物琼脂糖凝胶电泳结果

M—DL2000 Marker；1～15—分离的菌株

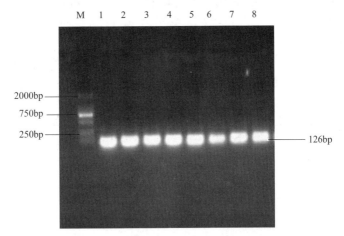

图 4-2　大环内酯类 *ermB* 基因的 PCR 产物琼脂糖凝胶电泳结果

M—DL2000 Marker；1～8—分离的菌株

二、耐药基因 PCR 产物测序结果

从 17 株菌株中共检测出 5 种不同类型的耐药基因，包括氨基糖苷类［*aac*(3)-Ⅱ］、四环素类（*tetA*）、β-内酰

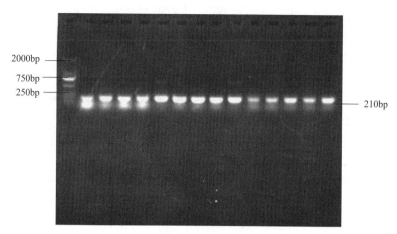

图 4-3 四环素类 *tetA* 基因的 PCR 产物琼脂糖凝胶电泳结果

M—DL2000 Marker；1～14—分离的菌株

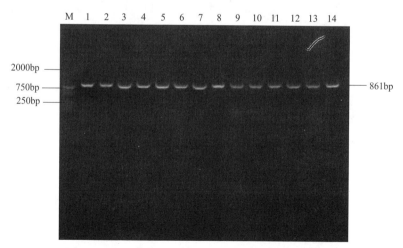

图 4-4 *β*-内酰胺类 *TEM* 基因的 PCR 产物琼脂糖凝胶电泳结果

M—DL2000 Marker；1～14—分离的菌株

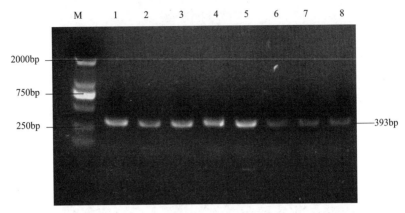

图 4-5 β-内酰胺类 *CTX-M* 基因的 PCR 产物琼脂糖凝胶电泳结果

M—DL2000 Marker；1～8—分离的菌株

胺类（*TEM*、*CTX-M*）、大环内酯类（*ermB*）等 4 种抗生素类的耐药基因。从检出的耐药基因分别各取一份阳性的 PCR 产物送往上海生物公司进行测序，测序结果与 GenBank 中的相应基因序列进行比对。结果表明，检出阳性菌株携带的 4 种抗生素的耐药基因与 GenBank 数据库中提供的相应耐药基因序列同源性在 97% 以上。以下为测序结果图：

（1）氨基糖苷类 *aac*(3)-Ⅱ基因引物测序结果 ［图 4-6 (a)、(b)］

（2）大环内酯类 *ermB* 基因测序结果 ［图 4-7(a)、(b)］

（3）四环素类 *tetA* 基因测序结果 ［图 4-8(a)、(b)］

（4）β-内酰胺类 *TEM* 基因测序结果 ［图 4-9(a)、(b)］

（5）β-内酰胺类 *CTX-M* 基因测序结果 ［图 4-10(a)、(b)］

Escherichia coli aac (3)-IIe gene for aminoglycoside N-acetyltransferase aac (3)-IIe, complete CDS
Sequence ID: NG_047252.1 Length: 861 Number of Matches: 1

Range 1: 250 to 566 GenBank Graphics　　　　　　　　　　　　▼ Next Match ▲ Previous Match

Score	Expect	Identities	Gaps	Strand
569 bits(308)	1e-158	314/317(99%)	0/317(0%)	Plus/Minus

```
Query  4    GGCATTTCATACGTCACCCACCGTTTGTTGGGGATATCGGCAACCGCCTCGGCGTAGTGC  63
            |||| ||||||||||||||||| ||||||||||||||||||| |||||||||||||||||
Sbjct  566  GGCATCTCATACGTCACCCATCGTTTGTTGGGGATATCCGCAACCGCCTCGGCGTAGTGC  507

Query  64   AATGCGGTAACGGAGTTTAGCGGCGCACCCAACAGCAGGGCCTTCCCGCCAAGGCGGACG  123
            ||||||||||||||||||||||||||||||||||||||||||||| |||||||||||||
Sbjct  506  AATGCGGTAACGGAGTTTAGCGGCGCACCCAACAGCAGGGCCTTCCCGCCAAGGCGGACG  447

Query  124  AACCGCTCGACGGGCGACCCTTCCCCCAAGGCGTGACCGAGTTCGTGAGGCTCCGTCAGC  183
            ||||||||||||||||||||||||||||||||||||||||||||||||||||||||||||
Sbjct  446  AACCGCTCGACGGGCGACCCTTCCCCCAAGGCGTGACCGAGTTCGTGAGGCTCCGTCAGC  387

Query  184  GTTTCAGCTAGCGGACCAACCGCGACCATCGATGCATCGGGGTGCGCGCTGCGCCGCGCG  243
            ||||||||||||||||||||||||||||||||||||||||||||||||||||||||||||
Sbjct  386  GTTTCAGCTAGCGGACCAACCGCGACCATCGATGCATCGGGGTGCGCGCTGCGCCGCGCG  327

Query  244  CCGGGGGCTTGAACCAGAAATTGATTCAGCAGGCCGAACCCACGGTAAGTCCCGGCCGTT  303
            ||||||||||||||||||||||||||||||||||||||||||||||||||||||||||||
Sbjct  326  CCGGGGGCTTGAACCAGAAATTGATTCAGCAGGCCGAACCCACGGTAAGTCCCGGCCGTT  267

Query  304  GCGGGATCGAACGGCGG  320
            |||||||||||||||||
Sbjct  266  GCGGGATCGAACGGCGG  250
```

图 4-6（a）　大肠杆菌 *aac* (3)-Ⅱ基因是氨基糖苷类

N-乙酰基转移酶 *aac* (3)-Ⅱ基因中的一段完整

的编码序列，比对结果在 99%

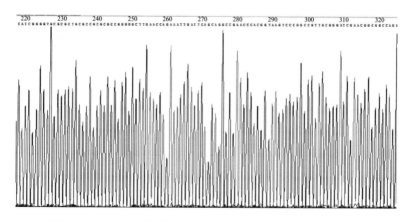

图 4-6（b）　氨基糖苷类 *aac* (3)-Ⅱ基因测序序列结果

治疗仔猪腹泻中药复方的筛选及应用 ❖

Escherichia coli strain H8 plasmid B, complete genome
Sequence ID: CP010174.1 Length: 106274 Number of Matches: 1

Range 1: 38576 to 38686 GenBank Graphics ▼ Next Match ▲ Previous Match

Score	Expect	Identities	Gaps	Strand
187 bits(101)	4e-44	108/111(97%)	1/111(0%)	Plus/Minus

```
Query  1      CCA-ATTAATATTGGGAGCTATATACGTACTTTGTTTCAAAATGGGTCAATCGAGAATAT   59
              ||| || ||||||||| ||||||||||||||||||||||||||||||||||||||||||
Sbjct  38686  CCAGATAAATATTGGAAGCTATATACGTACTTTGTTTCAAAATGGGTCAATCGAGAATAT   38627

Query  60     CGTCAACTGTTTACTAAAAATCAGTTTCATCAAGCAATGAAACACGCCAAA   110
              |||||||||||||||||||||||||||||||||||||||||||||||||||
Sbjct  38626  CGTCAACTGTTTACTAAAAATCAGTTTCATCAAGCAATGAAACACGCCAAA   38576
```

图 4-7 （a） 大肠杆菌质粒 *BH*8 全基因组中的一段
编码序列，比对结果在 97％

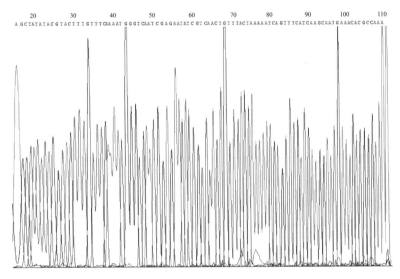

图 4-7 （b） 大环内酯类 *ermB* 基因测序序列结果

Escherichia coli pDEWT1 tet(A) gene for tetracycline efflux MFS transporter *tet(A)*, complete CDS
Sequence ID: NG_048152.1 Length: 1400 Number of Matches: 1

Range 1: 1002 to 1178 GenBank Graphics ▼ Next Match ▲ Previous Match

Score	Expect	Identities	Gaps	Strand
316 bits(171)	9e-83	176/178(99%)	2/178(1%)	Plus/Plus

```
Query  11    GGATGGGCGTT-CCGATCATGGTCCTGCTTGCTTCGGGTGGCATCGGAATGCCGGCGCTG  69
             |||| ||||||  ||||||||||||||||||||||||||||||||||||||||||||||||
Sbjct  1002  GGAT-GGCGTTCCCGATCATGGTCCTGCTTGCTTCGGGTGGCATCGGAATGCCGGCGCTG  1060

Query  70    CAAGCAATGTTGTCCAGGCAGGTGGATGAGGAACGTCAGGGGCAGCTGCAAGGCTCACTG  129
             ||||||||||||||||||||||||||||||||||||||||||||||||||||||||||||
Sbjct  1061  CAAGCAATGTTGTCCAGGCAGGTGGATGAGGAACGTCAGGGGCAGCTGCAAGGCTCACTG  1120

Query  130   GCGGCGCTCACCAGCCTGACCTCGATCGTCGGACCCCTCCTCTTCACGGCGATCTATG   187
             |||||||||||||||||||||||||||||||||||||||||||||||||||||||||||
Sbjct  1121  GCGGCGCTCACCAGCCTGACCTCGATCGTCGGACCCCTCCTCTTCACGGCGATCTATG   1178
```

图 4-8（a）　大肠杆菌质粒 *pDEWT*1 *tet*（A）基因在
四环素流出 MFS 转运蛋白 *tet*（A）基因的一
段完整编码序列，比对结果在 99％

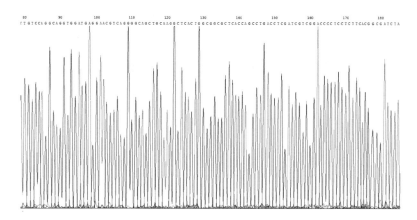

图 4-8（b）　四环素类 *tetA* 基因测序序列结果

Escherichia coli strain Ecol–244 plasmid pEC244–KPC, complete sequence
Sequence ID: CP019017.1 Length: 73464 Number of Matches: 1

Range 1: 22145 to 22451 GenBank Graphics   ▼ Next Match ▲ Previous Match

Score	Expect	Identities	Gaps	Strand
568 bits(307)	4e-158	307/307(100%)	0/307(0%)	Plus/Plus

```
Query  14    CCTTTTTTGCGGCATTTTGCCTTCCTGTTTTTGCTCACCCAGAAACGCTGGTGAAAGTAA  73
             ||||||||||||||||||||||||||||||||||||||||||||||||||||||||||||
Sbjct  22145 CCTTTTTTGCGGCATTTTGCCTTCCTGTTTTTGCTCACCCAGAAACGCTGGTGAAAGTAA  22204

Query  74    AAGATGCTGAAGATCAGTTGGGTGCACGAGTGGGTTACATCGAACTGGATCTCAACAGCG  133
             ||||||||||||||||||||||||||||||||||||||||||||||||||||||||||||
Sbjct  22205 AAGATGCTGAAGATCAGTTGGGTGCACGAGTGGGTTACATCGAACTGGATCTCAACAGCG  22264

Query  134   GTAAGATCCTTGAGAGTTTTCGCCCCGAAGAACGTTTTCCAATGATGAGCACTTTTAAAG  193
             ||||||||||||||||||||||||||||||||||||||||||||||||||||||||||||
Sbjct  22285 GTAAGATCCTTGAGAGTTTTCGCCCCGAAGAACGTTTTCCAATGATGAGCACTTTTAAAG  22324

Query  194   TTCTGCTATGTGGCGCGGTATTATCCCGTGTTGACGCCGGGCAAGAGCAACTCGGTCGCC  253
             ||||||||||||||||||||||||||||||||||||||||||||||||||||||||||||
Sbjct  22325 TTCTGCTATGTGGCGCGGTATTATCCCGTGTTGACGCCGGGCAAGAGCAACTCGGTCGCC  22384

Query  254   GCATACACTATTCTCAGAATGACTTGGTTGAGTACTCACCAGTCACAGAAAAGCATCTTA  313
             ||||||||||||||||||||||||||||||||||||||||||||||||||||||||||||
Sbjct  22385 GCATACACTATTCTCAGAATGACTTGGTTGAGTACTCACCAGTCACAGAAAAGCATCTTA  22444

Query  314   CGGATGG  320
             |||||||
Sbjct  22445 CGGATGG  22451
```

图 4-9（a）　大肠杆菌菌株 *Ecol-244* 的质粒 pEC244-KPC
中一段完整的序列，比对结果在 100％

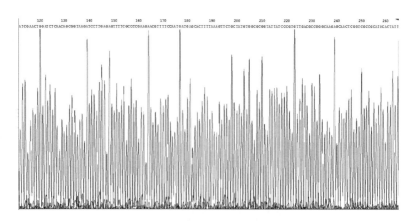

图 4-9（b）　β-内酰胺类 *TEM* 基因测序序列结果

Escherichia coli 1443838 blaCTX-M gene for class A extended-spectrum beta-lactamase CTX-M-196, complete CDS
Sequence ID: NG_052902.1 Length: 876 Number of Matches: 1
▶ See 1 more title(s)

Range 1: 201 to 511 GenBank Graphics ▼ Next Match ▲ Previous Match

Score	Expect	Identities	Gaps	Strand
562 bits(304)	2e-156	309/311(99%)	2/311(0%)	Plus/Plus

```
Query  12   ACGCTTT-C-ATGTGCAGTACCAGTAAAGTTATGGCGGCCGCGGCGGTGCTTAAGCAGAG   69
            ||||||| | |||||||||||||||||||| |||||||||||||||||||||||||||||
Sbjct  201  ACGCTTTCCAATGTGCAGTACCAGTAAAGTTATGGCGGCCGCGGCGGTGCTTAAGCAGAG   260

Query  70   TGAAACGCAAAAGCAGCTGCTTAATCAGCCTGTCGAGATCAAGCCTGCCGATCTGGTTAA   129
            ||||||||||||||||||||||||||||||||||||||||||||||||||||||||||||
Sbjct  261  TGAAACGCAAAAGCAGCTGCTTAATCAGCCTGTCGAGATCAAGCCTGCCGATCTGGTTAA   320

Query  130  CTACAAATCCGATTGCCGAAAAACACGTCAACGGCACAATGACGCTGGCAGAACTGAGCGC   189
            |||||||||||||||||||||||||||||||||||||||||||||||||||||||||||
Sbjct  321  CTACAAATCCGATTGCCGAAAAACACGTCAACGGCACAATGACGCTGGCAGAACTGAGCGC   380

Query  190  GGCCGCGTTGCAGTACAGCGGACAATACCGCCATGAACAAATTGATTGCCCAGCTCGGTGG   249
            ||||||||||||||||||||||||||||||||||||||||||||||||||||||||||||
Sbjct  381  GGCCGCGTTGCAGTACAGCGGACAATACCGCCATGAACAAATTGATTGCCCAGCTCGGTGG   440

Query  250  CCCGGGAGGCGTGACGGCTTTTGCCCGCGCGATCGGCGATGAGACGTTTCGTCTGGATCG   309
            ||||||||||||||||||||||||||||||||||||||||||||||||||||||||||||
Sbjct  441  CCCGGGAGGCGTGACGGCTTTTGCCCGCGCGATCGGCGATGAGACGTTTCGTCTGGATCG   500

Query  310  CACTGAACCTA   320
            |||||||||||
Sbjct  501  CACTGAACCTA   511
```

图 4-10（a） 大肠杆菌广谱 β-内酰胺类的

blaCTX-M 基因是 *CTX-M*-196 的一段

完整编码序列，比对结果在 99%

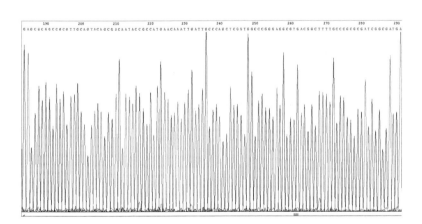

图 4-10（b） β-内酰胺类 *CTX-M* 基因测序序列结果

━━◆ **第四节　讨论与结论** ◆━━

随着科学的深入研究，细菌对不同种类抗菌药物所产生的耐药机制逐渐被发现，耐药性与耐药基因有着密切的关系，细菌耐药性的产生主要来自耐药基因。细菌自身体内的染色体或质粒携带不同类型的耐药基因，各耐药基因自身发生突变，引起耐药基因的增多。各类抗生素的耐药基因在不同种细菌之间广泛传播，从而引起了一种细菌对多种抗生素产生耐药性。

本试验通过 PCR 技术对大肠杆菌的耐药基因进行检测，从 17 株菌株中共检测出 5 种耐药基因，包括氨基糖苷类（$aac(3)$-Ⅱ）、β-内酰胺类（TEM、CTX-M）、四环素类（$tetA$）、大环内酯类（$ermB$）等 4 种抗生素类的耐药基因。从检出的耐药基因分别各取一份阳性的 PCR 产物送往上海生物公司进行测序，测序结果与 GenBank 中的相应基因序列进行比对。结果表明，检出的阳性菌株所携带的 4 种抗生素类的耐药基因序列与 GenBank 数据库中提供的相应耐药基因序列同源性在 97% 以上，说明筛选出的这 5 种基因就是要检测的基因。

从试验研究结果可以看出，规模化猪场的大肠杆菌的耐药基因的检出率都比较高，主要是氨基糖苷类 $aac(3)$-Ⅱ 占 88.2%，其次为四环素类 $tetA$ 占 82.3%，β-内酰胺

类 *TEM* 占 82.3%、*CTX-M* 占 47.0%，大环内酯类 *er-mB* 占 47.0%。这 5 种基因的检测结果均为阳性。从试验结果可以看出，本实验氨基糖苷类中的 *aac*（3）-Ⅱ 耐药基因和 β-内酰胺类 *TEM* 耐药基因、四环素类 *tetA* 耐药基因的检出率高。该地区的大肠杆菌的耐药性较高，并且耐药基因的类型较多且复杂。

17 株试验菌株对氨基糖苷类、四环素类、大环内酯类、β-内酰胺类等抗菌药物存在严重的耐药性，耐药基因复杂，菌株耐药性与菌株耐药基因可能具有相关性。因此，对抗生素类的耐药基因进一步检测，在临床上具有重要的意义，为以后合理使用抗生素提供有效的理论依据。

本章试验通过对耐药基因的检测以及检出率的比较，发现该猪场大肠杆菌耐药基因的产生和抗生素长期不合理的使用、地域环境、气候变化等有着密切的关系。因此，在规模化猪场抗生素不合理的应用、滥用都会导致大肠杆菌对抗菌药物产生耐药性，耐药基因也会不断地增加。所以，应该加强对规模化猪场猪源大肠杆菌耐药性的监控，对各类抗菌药物之间的联合使用应谨慎，加大规模化猪场的防控。

第五章

中药对致病性大肠杆菌多重耐药菌的抑制试验

　　一直以来，全球对细菌的耐药性问题关注密切，细菌对抗菌药物产生耐药性以及耐药基因的因素非常复杂，是由多方面因素造成的。细菌内的 R 质粒是一种耐药质粒，它携带一种少量自我复制的双链 DNA，R 质粒能够赋予细菌产生耐药性，从而出现耐药基因。国内外对细菌耐药性的抑制或消除已经有了陆续的发现，而目前，对中药的研究较多。中药具有用药毒性小、无残留、应用安全、价格低廉、纯天然等特点，使筛选出对细菌有效抑制或消除的中药更具有可能性，这就是国内外学者一直青睐中药，不断地探索、研究中药作用机制的原因。目前对清热解毒、清热燥湿等这类中药的研究比较多。本章试验用第三章检测出来敏感性较高的 2 种中药、敏感性较低的 2 种中药和细菌对其耐药性较高的 4 种抗生素进行中西联合培养来测定对大肠杆菌的抑制性。通过各药物之间的效果比较，筛选出具有抑制作用的中药，为以后中药对抑制及延缓细菌耐药性的产生提供理论依据。

◆ 第一节 试验材料 ◆

一、试验用主要培养基

LB 肉汤培养基、普通营养琼脂培养基（河南科技大学临床实验室自配）。

二、主要试验药物

抗生素药敏纸片：青霉素、氨苄西林、红霉素、多西环素 4 种抗菌药物药敏纸片（购于杭州天和微生物试剂有限公司）；

中药：黄连、黄芩、鱼腥草、萹蓄等单味中药（购于河南省洛阳市中药材市场）。

三、试验用主要器材

YXQ. SG41.28015 型高压灭菌锅（上海医用核子仪器厂）、SW-CJ-1D 型无菌超净台（苏州净化设备有限公司）、TG16-WS 离心机（湖南湘仪实验室仪器开发有限公司）、恒温培养箱（上海精宏实验设备有限公司）、THZ-312 恒温培养摇床（上海精宏实验设备有限公司）、电子天平（上海科恒实业发展有限公司）、DC-1 万用电炉（上海科恒实业发展有限公司）、微量移液器由赛默飞世尔（上海）仪器有限公司生产、GZX-9070MBE 数显鼓风干燥箱（上海博迅实业有限公司医疗设备厂）、烧杯、接种棒等。

四、试验受试菌株

选择第三章经过药敏试验耐药谱较广的 14 号菌株作为受试菌株，达到 9 耐，所以中药对致病性大肠杆菌多重耐药菌的抑制试验以 14 号菌株为试验对象。大肠杆菌质控菌株为药敏试验所用的 ATCC25922。

◆ 第二节　试验方法 ◆

一、试验用主要培养基的配制

普通营养琼脂培养基：蛋白胨 7～8g，牛肉膏粉 2～3g，氯化钠 3.5～4g，琼脂 10.5～11g，蒸馏水 750mL，pH7.0～7.3；LB 肉汤培养基：胰蛋白胨 7.5～8g，酵母浸粉 3.5～4g，氯化钠 7.5～8g，蒸馏水 750mL，pH6.8～7.2。

二、试验用中药提取液的准备

准确称取中药 30g 倒入药罐，加入 300mL 的水充分混匀，水不宜过多，浸泡 30min。将浸泡好的中药放在万用电炉上进行煎熬，前后两次。第一次煎熬时，等里面的药液达到煮沸时，将火温调小慢慢煎煮，并用无菌玻璃棒不断搅拌，当药罐剩下少许药液时，将药液倒出。第二次煎熬时加水 100mL 使其水分浓缩至少许，将两次的药液均匀混合，并用纱布过滤，离心 2min，将药液量浓缩至 30mL，使药液浓度为 1g/mL，高压蒸汽灭菌 15～20min，冷却、保存备用。

三、中西药联合体外抑菌试验

方法一：将保存的 14 号菌种接种于普通营养琼脂培养基上，在 37℃培养箱培养 18～24h，挑取单个或成对典型菌落接种于 LB 肉汤培养基中，置 37℃摇床培养 18～24h 后，取 2mL 的中药药液加入到含有液体培养基的试管当中，充分混合均匀，再用接种棒挑取培养的菌种无菌接种于试管中，置 37℃摇床培养 18～24h。

用无菌棉拭子蘸取培养好的中药菌液涂抹于普通营养琼脂培养基上，来回涂抹均匀，用无菌镊子将含有抗生素的药敏纸片紧贴于琼脂平板上，进行标记，置 37℃培养箱培养 18～24h。取 2～3 个不加任何药物的平板做空白对照，观察结果并记录。

方法二：取 4 支试管，在第 1 支试管中加入 2mL 的浓缩原药液，第 2 支试管中加入 1mL 原药液，第 3 支试管中加入 0.5mL 原药液，第 4 支试管无药液做空白对照。将制好的药液倒入平皿中，再将高压灭菌的普通营养琼脂倒入平皿中，充分混匀，干燥 3～5min。然后用无菌棉拭子将培养的菌液涂抹于平板上，来回涂抹均匀。将含有抗生素的药敏纸片紧贴于平板上，放置于 37℃ 培养箱中培养 18～24h，观察并记录结果。

◆ 第三节　结果 ◆

根据第三章的药敏试验结果来看，大肠杆菌对青霉素、氨苄西林、红霉素、多西环素等 4 种抗生素的耐药率较高。本章试验通过以上 4 种抗生素和中药联合培养进行进一步研究。

方法一：从试验结果可以看出，中药黄连、黄芩、萹蓄、鱼腥草等煎煮液与抗生素联用之后，黄连、黄芩的抑菌性较强并且还可以恢复抗生素的敏感性，而萹蓄、鱼腥草 2 种中药抑菌效果不明显，结果见表 5-1。

方法二：试验用三个不同梯度的药液与抗生素联用，从试验结果可以看出黄连、黄芩、萹蓄、鱼腥草分别与抗生素联用，黄连、黄芩均有较强的抑菌作用，萹蓄和鱼腥草抑菌效果不明显，结果见表 5-2。

表 5-1　中西药联用对大肠杆菌的抑制试验

中西药制剂	抑菌圈直径/mm	抑菌强度
黄连＋青霉素	12	＋＋＋
黄芩＋青霉素	11	＋＋＋

续表

中西药制剂	抑菌圈直径/mm	抑菌强度
萹蓄＋青霉素	6	＋
鱼腥草＋青霉素	6	＋
黄连＋氨苄西林	13	＋＋＋
黄芩＋氨苄西林	12	＋＋＋
萹蓄＋氨苄西林	0	＋
鱼腥草＋氨苄西林	0	＋
黄连＋红霉素	10	＋＋
黄芩＋红霉素	11	＋＋＋
萹蓄＋红霉素	6	＋
鱼腥草＋红霉素	6	＋
黄连＋多西环素	12	＋＋＋
黄芩＋多西环素	10	＋＋
萹蓄＋多西环素	6	＋
鱼腥草＋多西环素	7	＋

注：抑菌圈直径小于7mm，"＋"表示不抑菌或抑菌强度较弱；抑菌圈直径为7～10mm，"＋＋"表示中度抑菌；抑菌圈直径大于10mm，"＋＋＋"表示抑菌强。

表5-2 中西药联用对大肠杆菌的抑制试验

中西药制剂	抑菌圈直径/mm			平均直径/mm	抑菌强度
	试管1	试管2	试管3		
黄连＋青霉素	10.5	9	8	9.2	＋＋
黄芩＋青霉素	9	9	7.5	8.5	＋＋

续表

中西药制剂	抑菌圈直径/mm			平均直径/mm	抑菌强度
	试管 1	试管 2	试管 3		
萹蓄＋青霉素	6.5	6	5	5.8	＋
鱼腥草＋青霉素	7	6	5	6	＋
黄连＋氨苄西林	9.5	9	8.5	9	＋＋
黄芩＋氨苄西林	10	8.5	7.5	8.7	＋＋
萹蓄＋氨苄西林	6.5	6	5	5.8	＋
鱼腥草＋氨苄西林	7.5	6	6	6.5	＋
黄连＋红霉素	11	9.5	8	9.5	＋＋
黄芩＋红霉素	9.5	9	8	8.8	＋＋
萹蓄＋红霉素	7	6	6	6.3	＋
鱼腥草＋红霉素	7.5	6.5	5	6.3	＋
黄连＋多西环素	12	9.5	8	9.8	＋＋
黄芩＋多西环素	11	9	8	9.3	＋＋
萹蓄＋多西环素	7	6	6	6.3	＋
鱼腥草＋多西环素	7.5	6	5	6.2	＋

注：抑菌圈直径小于 7mm，"＋"表示不抑菌或抑菌强度较弱；抑菌圈直径为 7～10mm，"＋＋"表示中度抑菌。

　　方法一和方法二两种试验方法结果都肯定了中药黄连、黄芩和抗生素青霉素、氨苄西林、红霉素、多西环素等 4 种抗生素进行联合用药对大肠杆菌具有一定的抑制作用。试验结果表明，中西药联合使用提高了大肠杆菌对抗生素的敏感性，为以后临床治疗药物的筛选奠定一个好的基础。

————◆ **第四节　讨论与结论** ◆————

中药对大肠杆菌的耐药性以及耐药基因的抑制或消除在国内外已成为了一个热门的研究方向。人们用传统的理念将纯天然中药用作细菌耐药性和耐药基因的抑制剂或消除剂。中药对大肠杆菌耐药基因的抑制还处于研究阶段，作为中药抑制剂应选择清热燥湿或清热解毒之类的中药。通过现阶段的研究发现，中药具有很广阔的开发前景和潜在的利用价值。

本试验根据第三章药敏试验结果选用敏感性较强的黄连、黄芩和敏感性较低的萹蓄、鱼腥草4种中药与耐药性较高的青霉素、氨苄西林、红霉素、多西环素4种抗生素联合做体外抑菌试验。从结果可以看出，黄连、黄芩对致病性大肠杆菌的耐药菌株具有明显的抑制作用，并且还可延缓大肠杆菌耐药性的产生，降低大肠杆菌在兽医临床上的感染率。

方法一的试验先用中药和菌种在液体培养基中共培养，再用抗生素药敏纸片对共培养的菌液进行试验。结果所选用的4种中药中，黄连、黄芩具有明显的抑菌效果，而萹蓄和鱼腥草抑菌效果不明显。说明部分中药和具有耐药性的抗生素联用不仅可以抑制大肠杆菌的耐药性，而且对治疗畜禽疾病具有抑制多重耐药菌株的临床作用。

方法二的试验用三个梯度 2mL、1mL、0.5mL 分别与固体培养基均匀混合，再用抗生素药敏纸片试验，最后测量抑菌圈直径，求 3 次抑菌圈直径的平均数，判断单味中药的抑菌效果。试验结果表明，黄连、黄芩具有较好的抑菌效果。方法一和方法二的试验结果相吻合。

刘荣欣等（2011）在中兽医理论指导下，根据自己多年的经验，自拟了 3 个中药处方，又从《中华人民共和国兽药典》处查得经典处方 1 个，用 4 个处方的药分别防治人工感染大肠杆菌病。结果显示，加味白头翁汤效果最佳。刘荣欣等又观察了黄连、穿心莲、大黄、生地等 20 味中药及其组方对大肠杆菌的体外抑菌作用。结果黄连、大黄等 4 种中药抑菌作用明显；由黄连等药物组成的 4 个中药方剂的体外抑菌作用弱于单味药。得出的结论是中药对大肠杆菌有不同的抑制作用，这种差异与中药的种类以及有效成分的不同有关。曹翠萍等（2008）将黄芩及 4 种中药组合分别与氨苄西林等 5 种抗菌药物联用来检测这些组合对大肠杆菌的体外抑制效果。结果表明，所采用的大多数中西药物组合对大肠杆菌的生长具有抑制作用，不同组合对大肠杆菌生长的抑制作用显著不同，其中黄芩与 5 种抗菌药物的组合对大肠杆菌生长的抑制作用均十分明显。另外，同一种中西药物组合对大肠杆菌耐药株和标准株的生长的抑制作用也不同。研究黄芩＋氨苄西林联用两者都起到了明显的效果，与本试验研究的结果相一致。司红彬等（2006）为了准确测定黄连等 4 味中药及其相互间

1∶1 配伍后对标准大肠杆菌的最小抑菌浓度和 4 味中药与抗菌药 1000∶1 配伍后对临床分离的鸡大肠杆菌的最小抑菌浓度，对常用的试管两倍稀释法进行了改进。结果表明，4 味中药及其相互配伍对大肠杆菌标准株有一定的抑制作用，其 MIC 值介于 3.91～62.50mg/mL 之间，其中大青叶和鱼腥草效果最好；对临床分离株，单方药中黄连抑菌效果最好；24 种复方药中，黄连和盐酸多西环素或加替沙星配伍的抑菌效果最好。黄连与抗生素联用后，还可以延缓细菌耐药性的产生。

研究还表明不同中药的抑制效果不同，同种中药对不同菌株的抑制效果也不同。张传津等（2012）采用浓度为 1000mg/L 的黄芩苷提取物、地锦草提取物、连翘提取物、苍术油、雪胆提取物等对大肠杆菌作用 20h 后发现，10 耐及 10 耐以上的大肠杆菌达 80%。经不同中药提取液作用后，地锦草提取物具有比较好的耐药性恢复作用，黄芩苷提取物和雪胆提取物的效果次之，而连翘提取物和苍术油并无恢复耐药性的作用。由此说明与有些中药可恢复耐药性大肠杆菌对抗生素药物的耐药性的研究一致。随着科技现代化的快速发展，养猪业疾病的复杂化，中药在全球养殖业临床治疗中发挥了重要的作用并且得到了很多研究者的认可。作为治疗用药和预防用药，中药在整个畜牧业中已得到了广泛的运用。

本章试验中药对致病性大肠杆菌多重耐药菌抑制作用的研究表明，黄连、黄芩对大肠杆菌具有抑制多重耐药菌，延缓耐药性的产生的作用。目前对中药研究评判还没有统一的规范标准，因此，应当制定合理有效的中药标准，有效地发挥对中药的研究以及在临床上的应用。根据许多学者的研究，一般认为中药不会对细菌产生耐药性，如果长时间运用会不会产生耐药性还需要进一步的研究。

第六章

黄连等15种中药对猪源多重耐药大肠杆菌的抗菌活性试验

致病性大肠杆菌对畜禽养殖业危害极大，它能引起多种幼畜发病，出现腹泻、甚至便血等多种临床症状，多重耐药大肠杆菌的出现使这一问题变得更加棘手。中药因其具有价格低廉、抗菌活性较强和不易产生耐药性的特点，一直是科学家研究的热点，所以筛选对猪源多重耐药大肠杆菌具有较好抗菌活性的中药或方剂具有重要意义。本试验通过测定15种临床常用中药对猪源多重耐药大肠杆菌的 MIC 值，以此比较每种中药对猪源多重耐药大肠杆菌的抗菌活性大小，筛选具有较强临床应用价值的中药，为中药抗多重耐药大肠杆菌感染提供重要理论依据。

<hr />

◆ 第一节　试验材料 ◆

一、细菌来源

猪源多重耐药大肠杆菌，河南科技大学临床兽医实验室分离鉴定保存。

二、试验用主要培养基

营养肉汤培养基、普通营养琼脂培养基（河南科技大学临床兽医实验室自制）。

三、试验用主要仪器

C21-SDHCB9E32S 型电磁炉（浙江苏泊尔股份有限公司），电炉（上海科恒实业发展有限公司），20～1000μL 型移液枪由赛默飞世尔（上海）仪器有限公司生产，96 深孔板（上海晶安生物科技有限公司），超净工作台（苏州净化设备有限公司），XFS-260 高压蒸汽灭菌锅（上虞区道墟镇景诺仪器设备厂），恒温振荡培养箱（上海精宏实验设备有限公司），JY 基本型电子天平（上海科恒实业发展有限公司），TDL-4 型台式离心机（上海安亭科学仪器厂），BCD-176M 型冰箱（合肥美的电冰箱有限公司），0.5 麦氏比浊管（北京天安联合科技公司），平皿、酒精灯、烧杯、煎药器、接种棒等由河南科技大学兽医临床实验室提供。

四、试验用主要药品

艾叶 50g、赤芍 50g、苍术 50g、延胡索 50g、石榴皮 50g、白头翁 50g、金银花 50g、鱼腥草 50g、黄柏 50g、山楂 50g、菊花 50g、连翘 50g、黄连 50g、黄芩 50g、五味子 50g（购于河南省洛阳市张仲景大药房）；0.9％生理盐水（江西创欣药业集团有限公司）。

◆ 第二节　试验方法 ◆

一、试验用主要培养基的配制

营养肉汤培养基的配制：电子天平称取蛋白胨 7.5～8g，氯化钠 3.7～4g，牛肉膏 2.3～2.5g，溶于 750mL 蒸馏水中，调节培养基 pH 为 7.2～7.4（大肠杆菌生长最适 pH），高压灭菌后放入冰箱 4℃保存备用；

普通营养琼脂培养基的配制：电子天平称取牛肉粉 2.5～3g，氯化钠 3.7～4.0g，琼脂 10.2～10.8g，蛋白胨 7.5～8.0g，溶于 750mL 蒸馏水中，调节培养基 pH 为 7.2～7.4，高压灭菌后放入冰箱 4℃保存备用。

二、猪源多重耐药大肠杆菌复苏

将河南科技大学临床兽医实验室鉴定保存的、分离于规模化养猪场的猪源多重耐药大肠杆菌从 $-20℃$ 冰箱中取出，恢复至常温，用灭菌过的接种环在超净工作台中轻轻挑取两环菌种，小心接种到 10mL 普通肉汤培养基里面，然后轻轻盖上透气棉塞，置于恒温摇床培养箱，$37℃$、150r/min 培养 20h。接着用灭菌生理盐水将猪源多重耐药大肠杆菌菌液调配至 0.5 麦氏浓度（$1.5×10^8$cfu/mL），用普通肉汤培养基稀释 30 倍后保存备用。

三、试验用中药熬制

用电子天平分别准确称取艾叶、赤芍、苍术、延胡索、石榴皮、白头翁、金银花、鱼腥草、黄柏、山楂、菊花、连翘、黄连、黄芩、五味子各 50g，按 5 倍量加蒸馏水（250mL）浸泡，然后在 4℃ 冰箱内放置 24h。24h 后从冰箱中取出中药进行熬制，熬制时先大火后文火，用煎药器煎熬 30min 后，用 4 层灭菌纱布过滤熬制完成的中药液，立即向滤渣中再次加 5 倍量蒸馏水（250mL），相同方法重复煎熬中药残渣 30min，4 层灭菌纱布过滤。将两次滤液混合在一起，文火加热浓缩至 50mL（使原生药含量为 1g/mL），用稀盐酸和碳酸氢钠调节熬制完成的中药原液的 pH 至 7.3 左右（细菌生长最适 pH）。最后用高速离心机对中药原液进行离心去除杂质，3000r/min

离心10min后取上清液，分装到5个10mL玻璃瓶中，用纱布对瓶塞包扎固定，高压灭菌15min，4℃冰箱保存备用。

四、测定中药对猪源多重耐药大肠杆菌的最小抑菌浓度（MIC）

本试验采用改良梯度稀释法测定每种中药MIC。选取96深孔板每一排的前10个孔用于试验，其上从左向右依次标记为1、2、3、4、5、6、7、8、9、10。首先在前9个孔依次加入0.1mL、0.2mL、0.3mL、0.4mL、0.5mL、0.6mL、0.7mL、0.8mL、0.9mL浓度为1g/mL的灭菌中草药水提液；然后在每个孔中加入普通肉汤培养基至1mL，使每个孔中的中药浓度依次为0.1g/mL、0.2g/mL、0.3g/mL、0.4g/mL、0.5g/mL、0.6g/mL、0.7g/mL、0.8g/mL、0.9g/mL；最后在每个孔中均加入10μL之前已经稀释好的猪源多重耐药大肠杆菌菌液，其中第10个孔不加任何中药液，仅加入1mL普通肉汤培养基和10μL猪源多重耐药大肠杆菌菌液，作为生长对照组。每种中药重复三次，以此检验该试验的重复性。将深孔板置于恒温培养箱，37℃培养18h。

将培养18h后的猪源多重耐药大肠杆菌菌液、中药药液和普通肉汤培养基的混合液，用接种环划线接种到灭菌后的营养琼脂培养基上，在37℃恒温培养箱中培养12h。

在对照组细菌生长良好的情况下，肉眼直接仔细观察每个试验组有无猪源多重耐药大肠杆菌生长，将第一个无细菌生长的平皿所对应的药液浓度作为该中草药对该猪源多重耐药大肠杆菌的 MIC。若试验未测得中药 MIC，当中药对猪源多重耐药大肠杆菌 MIC 大于 0.9g/mL 时，则中药 MIC 值取 0.9g/mL；在中药对猪源多重耐药大肠杆菌 MIC 小于 0.1g/mL 时，则采用二倍稀释法再次测定该中药的 MIC，二倍稀释法具体试验操作步骤参照《中兽医学实验指导》（第二版）。

◆ 第三节　结果 ◆

通过水煎法熬制中药，试验制得了黄连等 15 味中药水煎液，其理化性质稳定，符合试验要求。通过改良梯度稀释法测定中药对猪源多重耐药大肠杆菌的抗菌活性，试验发现 15 味中药均对猪源多重耐药大肠杆菌具有不同程度的抗菌抑菌作用，每组细菌生长情况详见表 6-1。本试验发现黄连抗菌活性最好，MIC 值为 0.2g/mL，黄芩、五味子抗菌效果次之，MIC 值均为 0.3g/mL，山楂、延胡索抗菌活性最差，MIC 值为 0.9g/mL，其它中药 MIC 值详见表 6-2。图 6-1 是改良梯度稀释法测定中药对大肠杆菌抗菌活性的部分试验图片。

表 6-1 猪源多重耐药大肠杆菌在不同中药作用浓度下生长情况

中药	1孔	2孔	3孔	4孔	5孔	6孔	7孔	8孔	9孔	10孔
艾叶	+++	++	+++	++	+	−	−	−	−	+++
赤芍	++	++	++	+	−	−	−	−	−	+++
苍术	+++	+++	++	++	+	−	−	−	−	+++
延胡索	+++	+++	+++	+++	+++	+++	++	+	−	+++
石榴皮	+++	++	+++	+++	+++	++	++	−	−	+++
白头翁	+++	+++	++	+	−	−	−	−	−	+++
金银花	++	++	+	−	−	−	−	−	−	+++
鱼腥草	+++	+++	+++	+++	++	++	+	−	−	+++
黄柏	+++	+++	+++	+++	++	+	−	−	−	+++
山楂	+++	+++	+++	+++	+++	+++	++	+	−	+++
菊花	+++	+++	++	+	−	−	−	−	−	+++
连翘	+++	+++	+++	+	+	−	−	−	−	+++
黄连	+	−	−	−	−	−	−	−	−	+++
黄芩	+	+	−	−	−	−	−	−	−	+++
五味子	++	+	−	−	−	−	−	−	−	+++

注："＋＋＋"表示大量长菌，"＋＋"表示中度长菌，"＋"表示轻度长菌，"－"表示不长菌。

表 6-2 15 种中药对猪源多重耐药大肠杆菌的 MIC 值 单位：g/mL

中药	艾叶	赤芍	苍术	延胡索	石榴皮	白头翁	金银花	鱼腥草	黄柏	山楂	菊花	连翘	黄连	黄芩	五味子
MIC	0.6	0.5	0.6	0.9	0.8	0.5	0.4	0.8	0.7	0.9	0.5	0.6	0.2	0.3	0.3

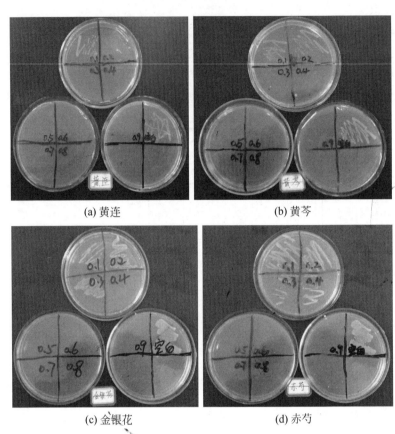

图 6-1 部分中药 MIC 测定图片

◆━ **第四节　讨论与分析** ━◆

　　抗生素作为 20 世纪微生物学对人类的最大贡献，在抗病原微生物感染方面起到了极其重要的作用，有力地减少了致病菌对人类的困扰。截至目前，已经有两百余种抗生素药物应用到养殖场或者人医临床上面，为保障人类健康和养殖业持续健康发展做出了突出贡献。但与此同时，随着抗生素长期大量不合理使用，使得细菌多重耐药检出率不断升高，有的医院或者畜禽养殖场甚至到了无药可用的尴尬境地。细菌多重耐药已成为人类共同面对的严峻问题，它对世界经济格局产生了深远的影响。

传统中草药作为我国传统医学的重要组成部分，其在抗病原微生物感染方面具有很好的效果。目前中药抗菌研究热点主要集中在三个方面，第一是单味中药的抗菌抑菌作用研究，因为清热解毒类和清热祛湿类抗菌效果较好，所以单味中药的研究热点主要是一些清热解毒类和清热祛湿类，包括黄连、金银花、菊花等；第二是复方中药抗菌抑菌作用的研究，作用途径主要是增强机体抵抗力或者免疫力，从而间接消灭病原微生物；第三是中药的耐药逆转作用，中药可以通过消除耐药质粒等多种途径逆转病原菌对抗生素的敏感性，恢复抗生素对病原微生物的抗菌抑菌作用，从而消除耐药细菌对抗生素的耐药性。

中药主要通过直接杀菌和间接杀菌两种途径抑制病原微生物生长繁殖。直接杀菌是指中药通过其自身的各种抑菌活性物质直接抑制病原微生物生长，如本试验的黄连可以直接杀灭大肠杆菌等致病细菌。间接杀菌是指中药通过提高畜禽机体免疫力，使动物机体产生更多的免疫活性分子，杀灭或抑制病原微生物生长繁殖，如中药黄芪可以提高畜禽机体体液免疫和细胞免疫水平，使机体内含有更多的免疫活性物质，从而增强畜禽消灭自身体内病原微生物的能力。由于一种中药往往含有多种抗菌、抑菌活性成分，而不同抗菌活性成分作用靶点大多不同，这样大多中药具有多种抗菌、抑菌作用靶点，所以中药不易产生单一抗药性突变，即病原微生物不易对中草药产生耐药性，这样中药就会具有长久稳定的抗菌效果。

本章试验通过前期查阅相关文献，筛选合适中药，确定艾叶、赤芍、苍术、延胡索、石榴皮、白头翁、金银花、鱼腥草、黄柏、山楂、菊花、连翘、黄连、黄芩、五味子等 15 味中药为试验对象，比较其对猪源多重耐药大肠杆菌的抗菌活性差异。试验结果表明，所选用的 15 种临床常见中草药均对猪源多重耐药大肠杆菌具有抗菌、抑菌作用，但抗菌活性大小不同，且差别较大。试验发现，黄连、黄芩、五味子对猪源多重耐药大肠杆菌的抗菌活性较好，抗菌活性依次为 0.2g/mL、0.3g/mL、0.3g/mL，其它中药抗菌活性从强到弱依次是金银花、白头翁、菊花、赤芍、艾叶、苍术、连翘、黄柏、石榴皮、鱼腥草，而延胡索、山楂对猪源多重耐药大肠杆菌抗菌活性最差，抗菌活性均仅为 0.9g/mL。本试验研究发现黄连抗菌活性优于黄芩，这与张召兴等（2018）研究报道一致，与刘金平等（2018）的研究报道不一致。

　　刘金平采用 1/2 MIC 中药提取物对耐药菌株进行耐药性消除，考察黄连、黄芩、艾叶、五倍子、鱼腥草 5 种中药提取物恢复耐药大肠杆菌对氨基糖苷类抗生素敏感性的作用，通过影印培养法筛选出耐药性消除菌落，观察耐药消除率和消除子 MIC 值变化。发现 5 种中药提取物对耐药大肠杆菌均有一定的抑制作用；消除子对卡那霉素、阿米卡星、庆大霉素、新霉素的 MIC 值均由大于 $512\mu g/mL$ 降至 $2\sim4\mu g/mL$；中药提取物不能使耐药菌质粒丢失，却能导致耐药基因 $rmtB$ 丢失。中药提取物可能是通过使高度耐氨基糖苷类药物的细菌丢失耐药主效基因来恢复对药物敏感性的。原因可能是中药产地、煎制方法的不同。同时本试验研究发现艾叶、鱼腥草对大肠杆菌抗菌活性稍差，艾叶优于鱼腥草，这与韦嫔等（2017）的研究报道一致。韦嫔等为了解金银花、黄连、艾叶、鱼腥草和五倍子等 5 种中药对猪源致病性大肠杆菌的抑菌效果以及对庆大霉素耐药性的消除情况，同样采用试管二倍稀释法测定中药的最小抑菌浓度，通过影印培养法筛选出耐药性消除菌落并计算其消除率。结果发现，除鱼腥草外，其它中药有明显的抑菌效果，中药作用 24h 后对致病性大肠杆菌庆大霉素耐药性的消除率均有提高，作用 48h 后其消除率进一步增加。黄连等中药能消除致病性大肠杆菌对庆大霉素的耐药性，与陈薇等（2010）的研究报道不一致，这可能与大肠杆菌试验菌株不同有关。

---◆ **第五节　结论** ◆---

　　本章试验结果表明：黄连、黄芩、五味子对猪源多重耐药大肠杆菌抗菌抑菌活性较强，提示可以对黄连、黄芩、五味子进行模型动物的体内试验，以期用于防治猪源耐药性大肠杆菌感染。

第七章

中药对猪源大肠杆菌 aac(3)-Ⅱ耐药基因的消除作用

多重耐药菌的出现，尤其是超级细菌的出现，使医学界出现了恐慌。由于细菌耐药性的产生与其体内的耐药基因密切相关，于是科研人员试图采用消除耐药基因的方法来抑制多重耐药细菌的耐药性，从而恢复细菌对抗生素的敏感性，而研究表明我国传统中草药就具有这样的作用。本试验采用实时荧光定量 PCR（RT-qPCR）技术，测定与中药共作用前后猪源多重耐药大肠杆菌体内 aac(3)-Ⅱ 耐药基因含量的相对变化，以期为耐药性大肠杆菌的防治提供理论依据。

◆ 第一节　试验材料 ◆

一、试验材料来源

aac(3)-Ⅱ耐药基因阳性猪源多重耐药大肠杆菌（同第六章），河南科技大学临床兽医实验室分离鉴定保存。

二、主要药品及试剂

艾叶 50g、赤芍 50g、苍术 50g、延胡索 50g、石榴皮 50g、白头翁 50g、金银花 50g、鱼腥草 50g、黄柏 50g、山楂 50g、菊花 50g、连翘 50g、黄连 50g、黄芩 50g、五味子 50g，河南省洛阳市张仲景大药房产品；4S Red Plus 核酸染色剂，BBI 生命科学有限公司产品；第一链 cDNA 合成试剂盒，Thermo Fisher Scientific™ 公司产品；普通营养肉汤培养基，北京奥博星生物技术有限责任公司产品；氯仿：异戊醇（24：1）、DEPC H_2O、无水乙醇、1.5%琼脂糖，1×TAE 电泳缓冲液、DNase Ⅰ（B300065-0001）、Trizol 总 RNA 抽提试剂盒，生工生物工程（上海）股份有限公司产品。

三、试验主要仪器

SMA4000 微量分光光度计，美林恒通（北京）仪器有限公司产品；StepOnePlus 型荧光定量 PCR 仪，ABI 公司产品；移液器（100～1000 μL，20～200 μL，0.5～10 μL），BBI 公司产品；PCR 仪，Bio 公司产品；HC-2518R 高速冷冻离心机，安徽中科中佳科学仪器有限公司产品；H6-1 微型电泳槽，上海精益有机玻璃制品仪器厂产品；FR-980 凝胶成像系统，上海复日科技有限公司产品；DYY-6C 型双稳定时电泳仪，北京六一生物科技有限公司产品。

◆ 第二节　试验步骤 ◆

一、耐药基因消除试验

从冰箱中取出第六章熬制好的黄连等 15 种中药，用普通肉汤培养基分别将中药提取液稀释至 1/2 MIC 浓度，取 10mL 加到试管中，加入 10 μL 猪源多重耐药大肠杆菌悬浮液（0.5 麦氏浓度），进行 *aac*（3）-Ⅱ耐药基因消除试验。同时取 10 μL 猪源多重耐药大肠杆菌悬浮液接种到不含药物的 10mL 普通肉汤培养基上，作为空白对照组。在猪源多重耐药大肠杆菌与中药共培养 24h 后应用 RT-qPCR 技术检测 *aac*（3）-Ⅱ基因含量相对变化。

为了探究中药消除或抑制细菌 *aac*（3）-Ⅱ耐药基因的作用规律，同时本试验分别以黄连、黄芩作用时间 24h 为不变量，每种中药共设置 5 个中药作用浓度（1/32 MIC、1/16 MIC、1/8 MIC、1/4 MIC、1/2 MIC），其它试验操作步骤同上，探究黄连、黄芩不同浓度对 *aac*(3)-Ⅱ 耐药基因消除的影响规律。同时分别以黄连、黄芩 1/2 MIC 为不变量，每种中药共设置 5 个中药作用时间（3h、6h、12h、24h、48h），其它试验操作步骤同上，探究黄连、黄芩不同作用时间对 *aac*(3)-Ⅱ 耐药基因消除的影响规律。

二、试验引物设计

根据 GenBank 中大肠杆菌的 *aac*(3)-Ⅱ耐药基因序列，选择其保守区，利用 Primer5.0 软件设计其特异性引物。以大肠杆菌看家基因 16S rRNA 为内参基因。引物特征如表 7-1。

表 7-1　实时荧光定量 PCR 引物特征

基因	引物序列(5′→3′)	片段大小
16S	F：ACTCCTACGGGAGGCAGCAG R：ATTACCGCGGCTGCTGG	197
aac(3)-Ⅱ	F：GGCGACTTCACCGTTTCT R：GGACCGATCACCCTACGAG	412

三、试验总 RNA 的提取与检测

RNA 提取参照 UNIQ-10 柱式 Trizol 总 RNA 抽提试剂盒。具体操作步骤如下。

① 取 10mL 中药作用后猪源大肠杆菌悬浮液，加入

0.5mL Trizol 进行彻底裂解细菌；

② 将混合液在室温下放置 8min，这样可以使得混合液中的核酸和蛋白质分离彻底；

③ 往混合液中加入 0.2mL 氯仿，用手剧烈晃动 2min，室温放置 5min 进行孵育后放到 4℃ 离心机中，12000r/min 离心 10min；

④ 移液枪吸取上层水相转移至干净的离心管中，和无水乙醇等体积充分混匀；

⑤ 把收集柱放入收集管里面，将溶液和悬浮液全部加入到吸附柱内，常温静置 3min，12000r/min 离心 3min，弃去废液；

⑥ 把吸附柱重新放到收集管中，加入 500μL RPE Solution，室温孵育 2min，10000r/min 离心 30s，弃去废液，接着重复本步骤 1 次；

⑦ 将吸附柱重新放到里面，10000r/min 离心 2min；把吸附柱放入干净的 2mL 离心管中，在吸附膜中央加入 30μL DEPC-treated ddH$_2$O，室温静置孵育 3min，12000r/min 离心 2min，即得到所需 RNA 溶液；－70℃ 冰箱保存，防止 RNA 降解。

取提取的 RNA 进行电泳试验，检测试验样本基因组是否被污染，然后用微量分光光度计，检测所得 RNA 纯度。

四、反转录试验

RNA 按照 800ng 进行反转录。在冰浴的 nuclease-free

PCR 管中加入以下试剂：Random Primerp（dN）6
（100μmol/L）1.0μL、dNTP Mix 1.0μL、total RNA
XμL、RNase-free ddH$_2$O（定容至 14.5μL）。用手摇晃轻
轻混匀，离心 5s，将反应混合物 65℃温浴 5min，接着冰
浴 2min，再次离心 5s。将试管冰浴，依次往试管里面加
入 0.5μL RNase Inhibitor（20U/μL），1.0μL Reverse
Transcriptase（200U/μL），4.0μL 5×RT Buffer，轻轻混
匀后离心 5s。

目的基因 *aac*（3）-Ⅱ反转录步骤：首先 25℃孵育
10min，然后 50℃ cDNA合成 30min，最后 85℃终止反应
5min，处理后，放置于冰上。

五、实时荧光定量 PCR 反应

配制反应混合液。反应体系：SYBR Green qPCR
Master Mix 10μL，上、下游引物各 0.4μL（10μmol/L），
ddH$_2$O 7.2μL，cDNA 模板 2μL。

RT-q PCR 循环条件设定为：95℃ 预变性 30min，
95℃变性 3s，60℃退火 30s，共 45 个循环。

将 cDNA 样品稀释 10 倍作为模板上机检测，样品设
置三个重复，完成上述步骤后，把加好样品的 96 孔板放
在 ABI Step One Plus 型荧光定量 PCR 仪中进行反应。

试验扩增程序结束后，为了检验扩增产物的特异性，
需要制作溶解曲线。从 72℃到 95℃ 50s，之后降至 60℃
1min，然后温度逐渐上升至 95℃，每升高 0.3℃用时 15s

采集一个点，最后 95℃再持续 10s。

在目的基因和内参基因扩增特异性均良好的情况下读出每个样品基因的 Ct 值，每个样本中猪源大肠杆菌的 aac(3)-Ⅱ基因相对表达量用 $2^{-\triangle\triangle Ct}$ 表示（试验结果保留两位有效数字）。

◆ 第三节 结果 ◆

一、电泳结果

通过电泳试验检测每组大肠杆菌的 RNA，本试验发现每组大肠杆菌 RNA 完整性较好，纯度较高，完全能够满足后续试验要求。图 7-1 是每组猪源大肠杆菌 RNA 电泳试验结果。

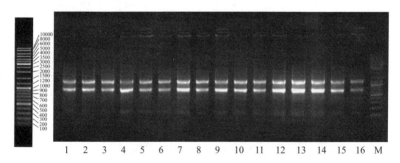

图 7-1 每组猪源大肠杆菌 RNA 电泳试验结果

M—DNA Marker；1~16—艾叶、赤芍、苍术、延胡索、
石榴皮、白头翁、金银花、鱼腥草、黄柏、山楂、
菊花、连翘、黄连、黄芩、五味子、空白组

二、试验溶解曲线

建立溶解曲线图，如图 7-2、图 7-3 所示。发现样本目的基因 $aac(3)$-II 和内参基因 16S rRNA 扩增产物 T_m 值均一，且基因 $aac(3)$-II 和内参基因 16S rRNA 溶解曲线均未出现杂峰，说明反应过程没有引物二聚体出现，产物特异性良好，从而证明本试验设计科学，试验数据具有准确性。

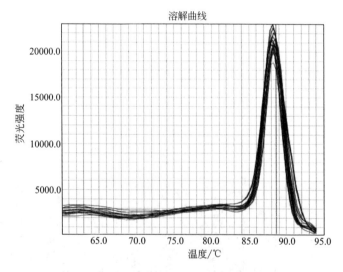

图 7-2　内参基因 16S 溶解曲线

三、试验扩增曲线

由溶解曲线出现单一峰可知目的基因和内参基因特异性良好，所以直接读出目的基因和内参基因的扩增曲线，

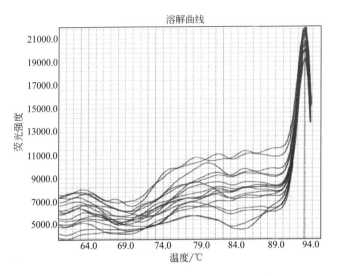

图 7-3 目的基因 *aac*（3）-Ⅱ溶解曲线

如图 7-4、图 7-5 所示。

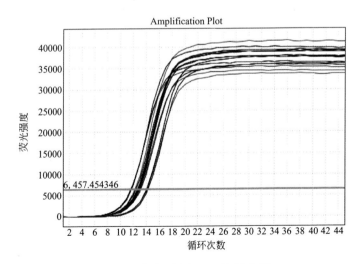

图 7-4 内参基因 16S 扩增曲线

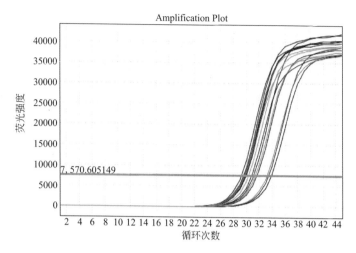

图 7-5　目的基因 $aac(3)$-Ⅱ扩增曲线

四、中药消除 $aac(3)$-Ⅱ基因的效果比较

通过对目的基因和内参基因扩增曲线 Ct 值的计算，得出每组猪源大肠杆菌 $aac(3)$-Ⅱ耐药基因的相对表达量，继而进一步算出每组中药对 $aac(3)$-Ⅱ耐药基因的消除率。通过分析，发现中药黄连、黄芩、五味子、艾叶对 $aac(3)$-Ⅱ耐药基因消除效果较好，消除率均达 70％以上（24h）；而其它组中药对 $aac(3)$-Ⅱ耐药基因消除效果较差，消除率从大到小依次为鱼腥草、白头翁、连翘、赤芍、黄柏、山楂、菊花、苍术、石榴皮、金银花、延胡索，其中石榴皮、金银花、延胡索对 $aac(3)$-Ⅱ耐药基因消除率均未达到20％。图 7-6 是每种中药 1/2 MIC 浓度对猪源大肠杆菌 $aac(3)$-Ⅱ耐药基因 24h 消除率。

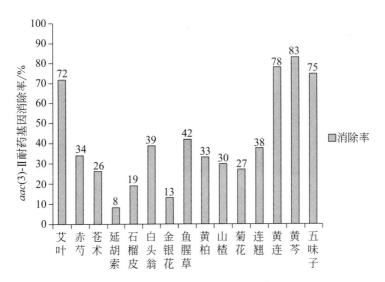

图 7-6　中药对大肠杆菌 *aac*(3)- Ⅱ 基因消除率（1/2 MIC、24h）

五、中药消除 *aac*(3)- Ⅱ 基因的作用规律

本试验通过以中药作用时间（24h）为不变量，每种中药共设置 5 个浓度梯度（1/32 MIC、1/16 MIC、1/8 MIC、1/4 MIC、1/2 MIC），发现随着中药作用浓度的不断增大，黄连、黄芩对猪源大肠杆菌 *aac*(3)- Ⅱ 耐药基因的消除效果越来越好。图 7-7 是黄连、黄芩分别在不同作用浓度条件下对 *aac*(3)- Ⅱ 耐药基因的消除率比较（24h）。同时本试验以中药浓度（1/2MIC）为不变量，每种中药共设置 5 个中药作用时间（3h、6h、12h、24h、48h），发现随着中药作用时间的不断延长，黄连、黄芩对猪源多重耐药大肠杆菌 *aac*(3)- Ⅱ 耐药基因的消除效果

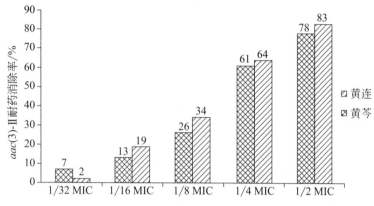

图 7-7　不同作用浓度下中药对大肠杆菌
$aac(3)$-Ⅱ基因消除率（24h）

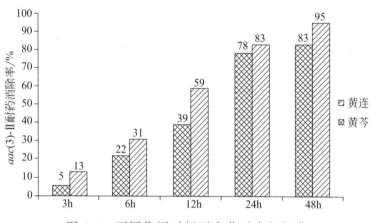

图 7-8　不同作用时间下中药对大肠杆菌
$aac(3)$-Ⅱ基因消除率（1/2MIC）

同样越来越好。图 7-8 是黄连、黄芩在不同作用时间下对大肠杆菌 $aac(3)$-Ⅱ耐药基因的消除率比较（1/2 MIC）。

━◆ **第四节 讨论与分析** ◆━

　　细菌耐药性问题是全世界普遍关心的重大公共卫生问题，耐药性的产生使抗生素失去了对耐药菌感染的治疗价值，所以如何恢复耐药菌对抗生素的敏感性一直是科学家们研究的热点问题。目前细菌耐药性消除或者抑制的方法主要包括物理消除法、化学消除法、抗生素消除法、中药消除法。

　　物理消除法主要有电穿孔法、冻融法、紫外线法、高温法。Huang 等（1999）用 2.5kV/cm 的电压，作用时间为 8min，1～3 个脉冲电击大肠杆菌，可消除约 80% 的细菌抗性质粒。化学消除法主要有十二烷基硫酸钠（SDS）法、吖啶橙法。邱进杰等研究发现 SDS 能够改变耐药质粒在细菌细胞膜上的结合靶点，使耐药质粒不能进行精确复制，并最终导致其不能正确分配，从而达到 SDS 消除质粒的目的。抗生素消除法是指有些抗生素能够增强耐药细菌对其它抗生素的敏感性。Janne 等（2008）发现硫利达嗪能够抑制耐甲氧西林金黄色葡萄球菌中耐甲氧西林基因（*mecA*）的转录，同时也能降低青霉素结合蛋白 2a 的表达水平，从而起到抑制耐甲氧西林金黄色葡萄球菌对甲氧西林的耐药作用。在所有耐药消除方法中，中药消除法是目前研究最热的一种方法，也是最具有临床应用前景的一种方法。中药消除法是一种利用我国传统中草药消除细菌耐药性的方法，该方法疗效确切，价格低廉，适合规模化养殖场大规模应用。

细菌耐药的本质是细菌体内获得了耐药基因，一些中药对耐药基因具有抑制或者消除作用，从而恢复细菌对抗生素的敏感性。本试验通过 RT-qPCR 法，测定中药作用 24h 前后猪源多重耐药大肠杆菌 $aac(3)$-Ⅱ耐药基因含量的相对变化，发现 15 种中药均对细菌 $aac(3)$-Ⅱ耐药基因具有抑制消除作用，但消除效果差别较大。试验发现黄芩、黄连、五味子、艾叶对 $aac(3)$-Ⅱ耐药基因消除效果较好，消除率分别为 83%、78%、75%、72%，均达 70%以上，这与李栋（2015）研究结果类似。李栋对 6 株大肠杆菌进行 10 味中药的抑菌试验，选取五味子、黄连、黄芩 3 味中药对 6 株耐药菌进行消除培养，筛选消除菌并通过抑菌试验及 PCR 方法确定耐药性及耐药基因的消除情况。结果发现，10 种中药中山楂、五倍子、金银花、黄柏、鱼腥草的抑菌效果不明显，艾叶和连翘抑菌效果相对较好，五味子、黄连、黄芩的抑菌效果最好。高、中、低剂量的五味子、黄连、黄芩提取液对 6 株大肠杆菌的耐药性消除率在 0~100%之间，高剂量组的消除效果最好。说明中药具有消除耐药性的作用而且存在完全消除的可能；进一步研究发现，中药也具有消除耐药基因的作用，黄连对耐药基因的消除率最高可达 100%。同时本试验发现艾叶虽然对大肠杆菌抗菌活性较差，但对耐药基因的抑制作用较强，这与韦嫔等（2017）人的研究报道不一致，

原因可能是艾叶产地、试验菌株不同。在对中药消除
aac（3）-Ⅱ基因的影响因素探究试验中，发现随着中药作
用浓度的不断增大，黄连和黄芩对大肠杆菌 *aac*（3）-Ⅱ耐
药基因的消除率不断增高，黄连对 *aac*（3）-Ⅱ基因消除率
由 7％（1/32 MIC）上升到 78％（1/2 MIC），黄芩对
aac（3）-Ⅱ基因消除率由 2％（1/32 MIC）上升到 83％
（1/32 MIC），说明中药作用浓度越大，中药对细菌的耐药
基因消除效果越好，这与李栋的研究报道一致。除此之
外，本试验还发现中药作用时间也是影响耐药消除效果的
重要因素，由图 7-8 可知，随着中药作用时间地不断延
长，黄连对 *aac*（3）-Ⅱ基因消除率由 5％（3h）上升到
83％（48h），黄芩对 *aac*（3）-Ⅱ基因消除率由 13％（3h）
上升到 95％（48h），说明中药对耐药菌作用时间越长，
中药的耐药基因消除效果越好。

本试验通过探究中药作用时间和作用浓度对 *aac*（3）-
Ⅱ耐药基因消除作用的影响，发现中药作用时间和作用浓
度对 *aac*（3）-Ⅱ耐药基因消除作用影响较大。中药作用时
间越长、浓度越大，其对耐药消除效果越好，所以可以通
过适当延长中药作用时间和增大中药作用浓度的方法增强
中药的耐药消除效果。

第五节　结论

本章试验结果表明：黄芩、黄连、五味子、艾叶对猪

源大肠杆菌 $aac(3)$-Ⅱ耐药基因消除效果较好，而延胡索、石榴皮等消除效果较差，同时中药作用时间越长、浓度越大，其对 $aac(3)$-Ⅱ耐药基因消除效果越好。

第八章

中药对猪源大肠杆菌耐药消除作用的体外观察

中药作为我国传统医学的重要组成部分，在治疗疾病方面具有诸多优势。中药具有纯天然、毒性小、无残留、价格低廉等特点，能够长期使用，在许多疾病治疗过程中均取得了不错的治疗效果。近年来，随着对中药研究的不断深入，科学家发现中药对细菌耐药性具有抑制作用，这大大扩展了中药的药用范围。本试验选用 4 种 aac (3)-Ⅱ 耐药基因消除作用较强的中药和 1 种 aac (3)-Ⅱ 耐药基因消除作用较差的中药，通过统计学方法分析比较经中药耐药消除作用前后细菌对抗生素敏感性差异，筛选出对耐药大肠杆菌具有较好耐药消除作用的中药，以期为应用到兽医临床防治耐药性大肠杆菌感染提供理论参考。

━━━◆ **第一节 材料与方法** ◆━━━

一、试验材料

1. 主要培养基

普通营养肉汤培养基、普通营养琼脂培养基（河南科技大学兽医临床实验室自制）。

2. 主要试验药物

庆大霉素药敏纸片、强力霉素药敏纸片、红霉素药敏纸片、舒巴坦药敏纸片、青霉素药敏纸片，以上5种抗生素药敏纸片直径均为7mm，购于上海广锐生物科技有限公司。

黄芩50g、黄连50g、五味子50g、艾叶50g、延胡索50g，以上5种中药均购于河南省洛阳市张仲景大药房；0.9%生理盐水，购于江西创欣药业集团有限公司。

3. 试验菌株

猪源多重耐药大肠杆菌（同第六章），河南科技大学兽医临床实验室分离鉴定保存。

4. 主要试验器材

超净工作台，苏州净化设备有限公司产品；XFS-260

高压蒸汽灭菌锅,上虞区道墟镇景诺仪器设备厂产品;C21-SDHCB9E32S电磁炉,浙江苏泊尔股份有限公司产品;电炉,上海科恒实业发展有限公司产品;JY基本型电子天平,上海科恒实业发展有限公司产品;TDL-4型台式离心机,上海安亭科学仪器有限公司产品;BCD-176M型冰箱,合肥美的电冰箱有限公司产品;20~1000μL移液枪,赛默飞世尔(上海)仪器有限公司产品;96孔深孔板,上海晶安生物科技有限公司产品;恒温振荡培养箱,上海精宏实验设备有限公司产品;0.5麦氏比浊管,北京天安联合科技有限公司产品;培养皿、酒精灯、玻璃涂布器、烧杯、煎药器、接种棒等由河南科技大学兽医临床实验室提供。

二、试验步骤

1. 耐药逆转试验

分别取第六章中制备好的中药(黄芩、黄连、五味子、艾叶、延胡索)原液5mL,加入普通营养肉汤培养基5mL,把这5种中药浓度均稀释为1/2 MIC。分别取中药稀释液10mL,加入10μL复苏后的猪源多重耐药大肠杆菌菌液,放置到恒温振荡培养箱中,37℃、120r/min培养24h,同时做好试验标记。

取中药、培养基、大肠杆菌混合液10mL,3500r/min离心10min,用1mL移液枪吸取上层液体(中药、普通肉汤培养基）弃去，剩下固体即为猪源大肠杆菌。加入0.9%生理盐水至10mL，上下轻轻晃动，使猪源大肠杆菌混合均匀，3500r/min再次离心10min，弃去上层液体。重复离心5次至混合液不再显色为止。取最后一次洗涤的猪源大肠杆菌，用0.9%生理盐水进行稀释，配制成0.5麦氏浓度的大肠杆菌菌液备用。

2. 药敏试验

本章试验利用药敏纸片法测定中药作用前后猪源大肠杆菌对5种常见抗生素的抑菌圈直径的大小。在超净工作台中，用消毒过的20～200μL移液枪分别吸取100μL中药作用过的菌液依次滴于灭菌好的普通营养琼脂培养基上，一个培养基上分别均匀滴5个点（利于菌液涂布均匀）；而后用灼烧灭菌过的玻璃涂布器（或者灭菌过的棉签）在营养琼脂培养基的表面力道均匀地涂布，涂布时可每120°旋转一次培养皿；最后沿外圈再涂布一次，这样可促进菌液均匀地分布在培养基表面。室温放置超净工作台中20min，待琼脂表面的液体全部被吸收后用无菌镊子取药敏纸片（强力霉素、庆大霉素、青霉素、红霉素、舒巴坦）紧贴在普通琼脂平板表面，并用镊尖轻压一下，使其贴平贴紧。每张药敏纸片间距不少于24mm，纸片中心距平皿边缘不少于15mm，这样避免抑菌圈重叠，影响测量抑菌圈直径大小。试验过程中标记好每种抗生素名称和中药组别，每种抗生素需设置

5个重复，标号 A/B/C/D/E，最后置于 37℃ 的恒温培养箱中培养 18h，观察测量并记录每组细菌对抗生素的抑菌圈直径的大小。

同时需要做猪源多重耐药大肠杆菌（未经中药处理）的药敏试验作为阴性对照，用以比较中药作用前后抑菌圈直径大小差异。

3. 统计学处理

采用 SPSS 17.0 软件对中药作用前后大肠杆菌的抑菌圈直径进行数据处理及统计分析，试验结果以 $\overline{X} \pm S$ 表示，比较方法采用 t 检验。$P < 0.05$ 表示差异有统计学意义。

◆━━━ 第二节　结　果 ◆

本试验通过测定黄连、黄芩、五味子、艾叶、延胡索 5 种中药逆转猪源多重耐药大肠杆菌前后对 5 种抗生素抑菌圈直径大小，发现黄连、黄芩、五味子、艾叶对猪源大肠杆菌多重耐药消除作用较强。黄连、黄芩、五味子、艾叶作用前后，猪源大肠杆菌对 5 种抗生素（庆大霉素、青霉素、红霉素、强力霉素、舒巴坦）抑菌圈的差异有统计学意义（$P < 0.05$）。其中黄连、黄芩、艾叶耐药消除作用明显（耐药消除作用前后抑菌圈直径均值的差值均大于 3mm），而五味子耐

药消除作用不明显（耐药消除前后抑菌圈直径均值的差值均小于 3mm）。另外本试验发现中药延胡索作用前后猪源大肠杆菌抑菌圈差异没有统计学意义（$P >$ 0.05），即差异不显著。表 8-1 为中药作用前后猪源大肠杆菌对 5 种抗生素药敏纸片抑菌圈直径大小差异比较。图 8-1 和图 8-2 分别是黄芩和黄连作用猪源大肠杆菌前后药敏试验图片。

表 8-1　5 种中药消除大肠杆菌耐药性后药敏纸片

抑菌圈直径（$\overline{X} \pm S$）　　　　单位：mm

抗生素	黄连	黄芩	五味子	艾叶	延胡索	阴性对照
庆大霉素	15.7±1.19[①]	14.4±1.38[①]	13.9±1.18[①]	14.1±0.90[①]	12.2±0.84	11.0±0.44
青霉素	15.8±0.42[①]	15.7±0.35[①]	14.3±1.29[①]	14.4±0.50[①]	12.0±0.62	11.4±0.83
红霉素	12.0±0.53[①]	12.3±1.10[①]	11.8±1.1[①]	12.1±0.35[①]	9.5±0.60	9.0±0.78
强力霉素	15.5±1.16[①]	15.8±1.10[①]	14.7±0.69[①]	14.9±0.68[①]	11.8±0.60	11.8±0.78
舒巴坦	20.6±1.10[①]	20.9±0.95[①]	19.1±1.07[①]	20.5±0.86[①]	17.7±0.81	17.3±0.45

①　与阴性对照相比，$P < 0.05$。

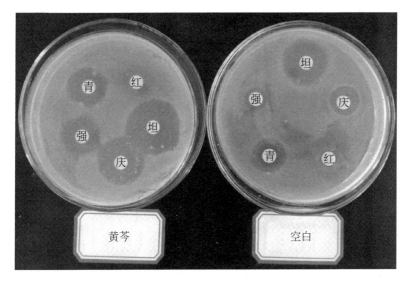

图 8-1　黄芩组和空白对照组抑菌圈大小比较

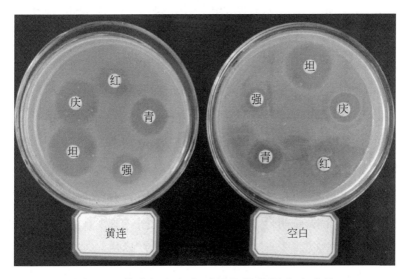

图 8-2　黄连组和空白对照组抑菌圈大小比较

━━◆ 第三节 讨论与分析 ◆━━

　　随着养殖场集约化、规模化的发展以及广谱抗生素的大量使用，细菌耐药性问题越来越突出，尤其是多重耐药菌的出现，给养殖场耐药菌防控带来了巨大挑战和困难。在所有养殖场临床常见细菌病中，大肠杆菌是最常见、最重要的致病菌，所以大肠杆菌耐药性问题一直是科学家研究的热点。大肠杆菌致病宿主极其广泛，几乎涵盖所有养殖动物（牛、羊、猪、鹿、家禽、鱼、龟等）；另外它致病严重，常常引起幼畜腹泻、便血，严重者甚至出现死亡。由于大肠杆菌血清型众多，无法生产针对所有血清型的疫苗，所以疫苗防控大肠杆菌效果很差，只能依赖于药物防控。在所有防控药物中，抗生素是防控大肠杆菌感染的首选药物，在防控大肠杆菌方面一度扮演着重要角色。然而随着养殖场致病性大肠杆菌耐药基因检出率不断增高，用抗生素防控耐药大肠杆菌受到了广泛质疑。由于规模化养殖场大肠杆菌耐药严重，现在迫切需要研发一种能够抑制大肠杆菌耐药性的药物，而我国传统中药刚好符合这一需求。中药抗大肠杆菌无药物残留，疗效确切，最重要的是它能恢复耐药大肠杆菌对抗生素的敏感性，所以研究中药治疗耐药大肠杆菌感染具有重要临床价值和意义。

　　本章试验通过比较黄芩、黄连、艾叶、五味子、延胡索作用前后猪源大肠杆菌对 5 种抗生素的抑菌圈直径大小差异，发现黄芩、黄连、艾叶、五味子作用前后猪源大肠杆菌对庆大霉素、青霉素、红霉素、强力霉素、舒巴坦抑菌圈的差异有统计学意义（$P < 0.05$），而延胡索作用前后抑菌圈差异没有统计学意义（$P > 0.05$），说明中药黄芩、黄连、艾叶、五味子对猪源多重耐药大肠杆菌具有耐药消除作用，而中药延胡索对猪源多重耐药大肠杆菌没有耐药消除作用。试验发现黄连、黄芩、艾叶耐药消除作用前后抑菌圈直径均值的差值均大于 3mm，而五味子耐药消除作用前后抑菌圈直径均值的差值均小于 3mm，说明黄连、黄芩、艾叶对猪源大肠杆菌耐药性抑制作用明显，而五味子对其耐药性抑制作用不明显。由于在第六章中发现艾叶对猪源多重耐药大肠杆菌抗菌较差（MIC 值为 0.6g/mL），所以相比于艾叶，黄连、黄芩更适合规模化养殖场耐药大肠杆菌的防治。艾叶抗菌活性较差，但对细菌耐药消除作用较强，说明中药抗菌机制和耐药消除机制不同，中药抗菌活性和耐药消除能力不成正相关。

目前有关中药消除细菌耐药性的研究较少，且大多研究停留在分子层面上，如耐药质粒消除。本章试验应用统计学方法比较分析中药作用前后细菌对抗生素抑菌圈直径大小差异，对中药消除细菌耐药性的体外效果进行了观察，筛选到了黄芩、黄连、艾叶等对猪源多重耐药大肠杆菌耐药性具有较好消除抑制作用的中药，为中药消除细菌耐药性提供了理论参考数据。

◆ 第四节　结论 ◆

　　黄连、黄芩可以进一步进行动物试验，以期用于规模化猪场防控猪源多重耐药大肠杆菌病。

第九章

芩黄颗粒的制备及
质量检测

◆ 第一节　概述 ◆

一、中药颗粒的概述

1. 中药的兽医临床应用

中草药在我国已广为流传了几千年。我国有着中草药生长的天然资源财富，是其第一源头产业国，因为产地较多，所以价格不是很高。中草药由多种成分构成，其中不仅有天然成分还有大量的营养成分。它们在使用方面包含了抗细菌、消炎症等诸多用处。在临床作用方面，可以提高作用机体的生产性能和全身免疫功能，还可以对机体的营养物质进行一定补充。此外中草药在使用过程中不会产生像抗生素耐药性的不良特点。是以使用传统药物来反击耐药性的不断恶化未尝不是一种另辟蹊径的方法，其为畜禽业打开了新大门，有效保护畜禽的健康，使行业发展持续向上。

在中华文明漫长的历史进程中，中药在很长时间里都是人们赖以生存的有效药品。在交通、科技并不发达的古代，没有所谓的西药抗生素，人们在生活中留心观察，发现了各类中草药的药学价值，这为当时社会疾病的控制和社会的稳定作出了卓越贡献。据相关资料表明，中药基础理论"君、臣、佐、使"概念的明确提出是在《黄帝内经》中，该书也是目前发现最早的中医名著。而复杂一些的处方最早则是在《五十二病方》中发现的。古代的许多著述《神农本草经》和《本草纲目》，里面都记载了诸多中草药，特别是在《本草纲目》中关于动物用药的内容更是丰富。在兽医临床治疗方面，《元亨疗马集》《司牧安骥集》和《疗马方》作为动物治疗方面的专业书，其理论体系已基本形成，为现代研究古代兽医学及新的治疗方法提供了实际线索。在历史的长河中，中医药理论一直在被扩充丰富。

中草药经历了医药历史发展的时间检验和医学研究者们的岁月沉淀，时代没有就此放弃中草药，反而使它变得熠熠生辉。在党和国家领导人正确方针及理论的支持下，通过各方中草药研究者夜以继日的研究，中兽医以及中草药理论有了迅速发展。在现代应用中，随着中兽药理论的系统应用、有效处方的筛选、临床应用的不断规范，动物疾病的防治取得了不凡的研究成果。现如今，中药颗粒剂的发展令人欣慰，在其他地区或国家的应用情况也很好。借着中药发展的春风，希望能够同时对我国中医药事业起到巨大的推动作用。

2. 中药配方颗粒的发展现状

中药配方颗粒，简单来说就是把符合规定的优质传统中药饮片作为原料，通过提取、分离、浓缩、干燥、制粒、包装等生产、制作、加工程序制成的新型配方用药。使用的中药原材料按照正规规程生产符合标准的中药颗粒，在某种程度上是能够保留其原材料的全部特性的，并且还能根据医师要求进行复方论治、辨证论治和随症加减。再者其具有药性强、药效高的特点，在使用时不需要花费大量时间进行复杂的煎煮，冲服即可。而且目前药厂大多数使用的铝制材料的包装不容易损坏、携带简便，其制备工艺也适合进行工业化生产。

我国的中药颗粒剂发展起步晚，甚至可以说我国还正处于初级发展阶段。日本的中药颗粒剂处方多选用《伤寒论》中记载的传统方剂。以标准煎煮为基础，会依据原材料的物理化学特性、药品主要成分的理化特点去应用特定的制备流程和先进仪器设备，来控制中药颗粒剂的质量标准。

未来中药配方颗粒的发展，对于推进中医剂型改革和中药现代化具有相当重要的作用。因其本身具有的多种优点符合现代社会的发展，并且可根据中药处方进行便捷性制备，无需花费大量时间进行煎煮，符合人们日常生活工作的需要，而被人们所喜爱。

3. 中药配方颗粒的发展方向

生产得到的中药配方颗粒的质量不易受外部因素影响，不用考虑传统中药的诸多贮藏禁忌等问题。配方颗粒的各个生产过程都有质量控制方法，形成了流程式的质量监测。但多种中药材的煎煮与单味药材相比复杂许多，并不是一个简单的相加。制粒经过多个过程，可能发生许多物理性质和化学性质的变化。只钻研个别不同类组分的使用在制药治病上是远远不够的，还要注意药材的其他成分及其药理作用规律，从多方面考虑，选择临床用药，观察其治疗效果。能够同时兼顾药物的多个方面进行分析，才能真正地保证药品的质量。所以中药配方颗粒未来发展过程中是否能够规范生产工艺，统一质量标准，这是一个至关重要的问题。

随着人民生活水平的提高，人们对肉蛋奶的需求不断增加，对肉类食品的安全更加重视，我们国家对于兽医行业重要性的认可度也在逐步提高。但是，兽医药的发展还有不尽如人意的地方，在临床使用兽药治疗方面，尤其是中兽药的应用还有很大发展空间。我国当下需要真正能够静下心去进行创新工作的专业人士，去加大科研力度，而不是一味地依靠外来进口药物。可以加大同国内各大高校和相关科研院所的合作，加强人才储备，共同开发配方颗粒新品种，丰富临床用药，生产出真正适合中国畜牧业发展现状的中兽药。

以往，国外人士认为中医是没有科学依据的，中药是"野药"。但是，国家对中医药越来越重视，《中华人民共和国中医药法》已由中华人民共和国第十二届全国人民代表大会常务委员会第二十五次会议于 2016 年 12 月 25 日通过，自 2017 年 7 月 1 日起施行。加上中医药工作者日复一日的努力，中医药会越来越好，国际认可度也会越来越强。我们可以借着中医发展的东风，把中医和中草药推出国门，让世界上更多人去了解中华民族的传统医药，造福世界人民。

二、中药颗粒的具体应用

1. 中药颗粒的应用介绍

中药颗粒可指复方配药颗粒和单味中药颗粒，现在人们对于中药颗粒是否具有同中药饮片通过煎煮一样的效果仍然存在分歧。现在生产的中药配方颗粒，被人质疑其只是各种药材的简单综合，不如传统煎煮的效果确实。传统煎煮能够使多种中药饮片之间产生物理变化或化学变化，多种因素进行中和。与此同时，因为在药品质量、使用实用性方面的欠缺让许多人放弃了中药饮片。但无论是站在医师还是购买者的立场上，药物的作用疗效足够好才是决定选择哪种中药制剂的关键因素，而这也是决定谁能够迅速发展的因素。

现在有人提出研究单味药材及药对（有配伍关系）。根据治疗需求研究药对，制作成更多类型的中药配方颗粒。如有更高需求可再添加单味药材或经过确定研究的药对，辨证论治和随证加减。这样就能避开目前最受争议的弊端，为中药颗粒的大规模应用提供机会。在其他地区或国家，单种药材的配方颗粒与多种药材颗粒进行临床协同使用早有先例，还可以与中成药联用进行辨证论治。这都是我们应该学习的。

我国中药颗粒的未来还需展望，如果在研究过程中能克服短板，增强优势，相信随着对中药颗粒研究的加深，人们对于药品的选择会有更加清晰的目标。中药颗粒也能够在临床应用领域发挥更大的用处。

2. 中药颗粒的制备

一般中药颗粒制备流程如下：提取、浓缩、制粒、干燥和包装。各个药厂之间的差异或者中药成品所含有效活性物质的不同，所选取的制备方法也各有不同。

在进行生产时，首先要保证原药材的高质量，这样所制备出的成品颗粒效果才能够更好。其次需要对中药半成品和成品制定特定有效的质量标准，保证颗粒药品购买的合格率以及优质的临床应用效果。最后，尝试提升炮制的科学内涵，扩大中药炮制的范围。

现今药厂进行批次生产所选取的制备方法一般分两种。一是根据药学研究，寻找方便进行丸剂、散剂或汤剂生产的中草药，一般将原材料粉碎制成细粉。二是采取把中药有效成分榨出并进行喷雾操作的策略。

在选择合理的制备工艺时，一定要以中药理论为基础，进行临床辨证，分析中药有效成分和营养成分的物理化学性质（如颗粒大小或热稳定性等）以及药理作用，采用不同试剂（乙醇、水等），按照不同的方法（如煎煮、回流、水蒸气蒸馏等）进行提取、干燥（如烘干、喷雾干燥等），根据最终制药处方进行生产，这样制备出的颗粒剂才能进行临床应用。

通过规范化流程生产出的颗粒剂既符合中药的基本理念，又可达到人们日常生活的要求，为中医现代化提供了物质上的保证。只有制备出高合格率、效果显著的中药颗粒，才能够使消费者真正放心，对中药扩大应用充满信心。

3. 中药颗粒的质量检测

在提取、浓缩、干燥、制粒、包装过程中，厂家都会制定一定的尺度来查验每个步骤操作的结果。经过每道程序的严格把关能够及时发现误差，进行修正，挽回损失，避免亏损。对于消费者来说，最终呈现在手中的颗粒并不能看出原材料的好坏或者有效成分的含量。所以在制备过程中的各道检查工序承载着相当重的任务。

中药配方颗粒的质量检测不仅仅是对销售产品的合格率进行控制，还对基础药材和半成品的质量提出要求。而除了质量检测外，还有合理的制备工序、理化性状、含量测定、临床应用、使用方法、贮藏事宜、有效截止日期等要求。从各方面进行检验，使中药配方颗粒的真伪鉴别和优劣评价开始变得清晰，产品的安全、稳定也有了保证。

在质量尺度方面，现已确立了原材料和半成品质量标准、药品销售标准和产品包装标准等来规范药厂生产；并且运用薄层色谱法或高效液相色谱法等先进技术进行研究，调整、改进生产应用过程中遇到的各项问题。广大研究学者需要在现有的技术上，建立药品特异性强、检测便捷，并且能够展露药品质量的标准化质量检测。目前对中药颗粒的质量控制还有进步的空间，我们应当考虑对药品进行专一性鉴别，将质量研究扩展到更多方面。消费者能够对药品的流通做到真正的放心，从而增强中药配方颗粒的市场满意程度，推动中医药质量标准化的进程。

现代分析技术越来越发达，相信在各方研究者的努力下，对于药品质量标准的控制能做到更加精细。通过推进中药颗粒剂行业的进步来推动中药的现代化进程，使其能够被更多的民众接受。

三、国内外研究现状

现如今在我国发展医药事业版图中，中草药一直是重要的组成部分。在各方努力下，随着中草药的研究越来越深入，中药颗粒剂的制备工艺得到了优化，在产品的质量控制方面能够成体系化运作。

王帆（2013）在进行复方白芍颗粒的有效制备及质量提高的研究时，为使药物有最好药效，多次对药剂的制备工艺做出更正，指定符合理论的方法进行生产，提高提取率，制定合理的质量检测方法，保证药品的品质。按国家要求规定对原药材进行质检，应用薄层色谱法进行质量初步鉴定，对制剂进行药品成分鉴别。

袁天荣（2014）深入探究芪丹成品的制备与质量标准的建立问题。将药中成分黄芪等利用薄层色谱法进行鉴定，将芪丹颗粒的生产做到效率最大化，其工艺路线科学，为临床使用和生产质量的可控性提供了质量保障。

宣铁锋（2006）深入探讨了银黄颗粒质量的相关问题。制备阴性对照液，按照薄层色谱法对颗粒剂中的药品成分进行鉴别。结果表明，本方法简便易行，能够有效检测银黄颗粒的质量。

日本是国外早期研制中药颗粒的国家之一。在20世纪70年代最先研制出单味中药颗粒，并且，随着研究工作者研究不断深入，逐渐形成了以复方颗粒为主、单味中药颗粒配伍的研制模式。产品服用简单，药效好，受到了患者的欢迎，医务工作人员愿意处方开药，日本国民健康保险体系也把中药颗粒剂列入其中。目前，体系中包含了约200多种中药类型，同时向国外出口，获得了巨大的经济效益。

韩国、德国等国家继日本之后，也开始对中药配方颗粒进行研究。目前，韩国医保体系中所包含的中药配方颗粒多达 300 余种，德国也开始通过单味中药提取物配置复方药。我国台湾地区的中药颗粒发展速度较快，临床中可供使用的中药颗粒约为 400 种，并且取得了良好的临床疗效。

四、本研究的目的与意义

中药制品包括畜牧用中药制品都需要经过严苛的质检程序，要从多个环节入手，不拘于最后的成品，这样才能净化医药行业，维持良好的药品市场秩序，消费者才能够买到质量放心、疗效确实的需求药品。从完善中药颗粒的判定入手，对大小形状、含量有无、治疗方向及禁忌、包装事宜等进行探究订正，使中药颗粒的真伪鉴别和优劣评价开始有标准可依，为厂家大规模生产的在线检测提供快速、高效的定性定量方法，对产品的稳定性、均一性、安全性和可控性进行控制。

本试验对芩黄的制备方法、物化性状、定性鉴别药品成分以及符合颗粒剂项下可溶性颗粒有关的各项规定进行确定，进行芩黄颗粒的制备和质量检测。对芩黄颗粒的质量标准有了明确的了解、进一步深入研究了中兽药质量标准的建立和应用，对未来的临床预防治疗也具有很好的作用。

━━◆ 第二节　材料与方法 ◆━━

一、芩黄颗粒的制备

1. 试验材料、药品及设备

原药材黄芩、甘草、板蓝根、桔梗、山豆根及麻黄购自安徽亳州中药材市场（国家承认质量药品市场）。

甲醇为色谱纯，水为重蒸水，其他试剂均为分析纯。

设备：提取罐、冷凝冷却装置、干燥器、浓缩设备、储液罐、醇沉罐、制粒机等，如图 9-1 和图 9-2 所示。

图 9-1　试验公司中药提取设备

图 9-2 试验公司制粒设备

2. 试验方法

（1）提取　由于原药材含有不同的有效成分，而且各种成品药对中药颗粒剂有不同的溶解性要求，所以在进行药品制备时应采用适宜的方法进行提取。煎煮法，是提取大多数药品的简便方法。具体操作过程是将药材的规格变小或进行粉碎，然后放置到适合的煎煮设备中，加水（注意加水量要使药材能够完全泡在水中）进行沸煮，然后将药渣滤出得到原药液。最后得到的药渣可以煎两到三次。将各次得到的煎出液混合在一起，经过分离或滤过后，使其浓缩到相应浓度。成分能溶于水，对湿热情况不敏感的药材一般采用煎煮法。但煎煮次数越多，生产花费就会越高，所以药厂在真正批量生产时会选择两次煎煮法来使产物和成本达到一个平衡。

本次研究为了获得更高质量的产品，会使用水煮醇沉法来进行除杂。将煎煮法得到的产物蒸发至一定浓度，冷却到一定温度后再加入 1～2 倍的乙醇溶液，充分混匀。放置足够时间，使其沉淀，第二天取其上清液，沉淀不完全时需要过滤。过滤物用乙醇溶液洗涤，液体也需进行相应处理。其中乙醇溶液是可以回收的，得到的未经处理的乙醇浓度较低，需要浓缩到一定浓度才能够循环使用。滤过，再将滤液进行低温蒸发。

（2）浓缩、干燥 中药的所需成分被提取后便变成可流动的形态，而后将其浓缩、干燥。需要升高到一定温度使水变成水蒸气，但这样可能会造成药品有效成分的损失与破坏，所以要把握好温度。浓缩到20％～50％时，进行干燥，利用喷雾干燥法不易失误，并能够对成品进行一定的保护。干燥过程液滴干燥的实际温度为 35～50℃，10s 左右即可完成，所以对成品不易产生温度过高的状况，高温不稳定的成分不易被损坏。

（3）制粒 中药颗粒的制备就是把浓缩产物和制作辅助材料进行组合，然后进行整粒和干燥。

本试验采取的是流化床造粒法，其是由湿法制粒复杂转换而来的一种方法。流化床造粒法是将制粒所需材料全部放入流化床制粒设备中，首先设备把所有材料混合在一起，再通过设备将辅助材料射入，让辅助材料与原材料药品充分混合处理后，分离成较小状湿润颗粒，而后直接烘干即可完成制备，得到成品。

其最显著的优点就是能够将处理软材、形成颗粒及干燥变成一体式。流化床造粒法是一种机器化程度较高的方法，其可以通过控制风量、温度等条件来进行相关种类中药颗粒的制备，并且该法的成型率较其他制法要高。

对于本实验制粒的效率可能造成干扰的主要是形成喷雾的压强大小，其次是流动状粉的黏性程度，然后就是设备进药口和出药口的程序设定。一般应用的中药配方颗粒剂较多，需要多种药材，有主药也有其他的辅助药材及辅助材料。辅助材料可以使粉末易聚集而成粒，从而提高生产厂家的成品比例。

（4）包装　因为中药颗粒的制作中要有糖粉或其他辅助材料进行混合，所以颗粒成品容易吸水变潮或溶化。所以药品应当进行密封包装，并储藏在干燥的环境中。铝塑复合袋是一种常见的包装材料，其能隔绝水和空气，在储藏期内一般不会出现吸潮现象。

3. 芩黄颗粒处方

黄芩 600g，板蓝根 600g，甘草 400g，山豆根 400g，麻黄 66g，桔梗 66g。

4. 芩黄颗粒的制法

四层提取车间是最常用的，其中二层是过滤、浓缩、排渣层，所占空间是最大的。四层为投料层，用来进行药物处理，综合配料。原药材经工作人员初步筛选后由投料斗进入提取罐中，此为提取的准备工作。三层为提取罐装备所在层，醇沉罐同样安排在该层，醇沉罐中的液体可以直接到达二层的储液罐，然后便是浓缩设备和储液罐。在一层设备协调下，要把提取得到的药膏进行最后一步的烘干处理。

其中连续进行的是中药原材料的提取和浓缩，在密封的器械中轮回提取以获得所需浓度的原药液。全封闭循环操作得益于设备中的加热器和蒸发器，煎煮得到的药液经过它们热处理后即可形成循环。而因热产生的蒸汽则要经由冷化操作来降温。冷却液最终会回到提取罐中，与药材混合，使得药材能够完全浸于溶液之中，来补偿蒸发时损失的溶剂，这样就不用暂停制备过程补充溶液而能够大大提高制备生产率。在提取和浓缩过程中保持低温状态，前者温度应保持在 $60\sim80℃$，后者温度应保持在 $50\sim70℃$，若过热则形成的蒸汽会更多，有可能损失药物中的有效成分使成品率降低。

综合分析芩黄颗粒制剂的复方处方及原材料所含有效成分的特点，药物提取制备过程如下。

板蓝根用乙醇回流法提取三次（乙醇回流法简单来说就是把由于受热而变成蒸气形态的酒精经过设备转换温度使其重新恢复成溶液状），过滤并将滤液合并，回收乙醇，收集浓缩液，备用。

将麻黄置提取罐内，加 8 倍量水，低温（≤70℃）真空动态提取 6h，滤过，浓缩。将提取得到的药品液体进行处理使其浓度达到 1g/mL 即可。然后再用 0.1mol/L 的 NaOH 溶液调为相宜的 pH 值（11 或 12）。蒸馏并混合获取到的溶液，加稀 HCl 溶液调 pH 值至 4～5 即可使用。

麻黄碱是小分子生物碱，用水提取时会生成沉淀，又因其在水和乙醇中的溶解性较强，所以选择经济环保的水来提取麻黄。

黄芩、山豆根、甘草、桔梗等 4 味药与经醇提后的板蓝根药渣一起置于提取罐内，加水低温（≤70℃）真空动态提取 4h，滤过，浓缩，备用。

将上述药材提取所得的药液进行混合，与蔗糖、糊精等辅助材料共同制成颗粒品，经过干燥处理后即可得到芩黄颗粒成品。

二、芩黄颗粒的质量检测

1. 试验材料及药品

仪器：硅胶 G 板、玻璃棒、小烧杯、天平、毛细管、镊子、表面皿、铅笔等。

试剂：1% 羧甲基纤维素钠（CMC-Na）、浓氨水、乙醚、三氯甲烷、甲醇、盐酸麻黄碱对照品、无水 MgSO$_4$、水、两种合适的展开剂、0.5% 的茚三酮乙醇溶液等。

2. 方法

（1）鉴别　供试品溶液的制作：取本品 5g，加浓氨水 5 滴和乙醚试剂 30mL，利用处理器加工 10min，然后过滤。把滤过的部分进行蒸发处置，残留部分加三氯甲烷溶液 1mL 使其能够融合。

对照品溶液的制作：将甲醇溶液加到盐酸麻黄碱对照品中，按每 100mL 含 250mg 盐酸麻黄碱的比例混合。

将优选的固定相依照规定抹在板中，然后点样，使用展开剂，观察试验结果，根据图谱做出判断。这主要是用来检测药材品类、有无杂质存在以及测定有效成分。

将供试品溶液和对照品溶液各 $5\mu L$ 经隔断点于固定相板上。黏合剂是为了使固定相（吸附剂）与载板结合牢固，这样一来薄层板的机械强度就可以增加，便于试验操作。展开剂用来分离物质并转移被分离的物质。选择三氯甲烷、甲醇、浓氨水（比例为 20∶5∶0.5）作为展开剂。选用展开箱作为展开的盛物器，放于规定器皿中。等其变干后，使用 0.5% 的茚三酮乙醇溶液进行处置，这样可得有试验意义的试验板，放于装备中升温，而后即可查看试验成果。观察两种溶液进行试验所得到的试验活性板在相对应的近似点上斑点的大小及色彩是否相同。

供试品溶液的制作：取芩黄颗粒 15g，添加 40mL 的 7% 的硫酸乙醇溶液、水溶液（比例为 1∶3），加热 3h。静置变凉、过滤。每 40mL 滤液用三氯甲烷，振动、摇摆试剂瓶抽提一次，进行三次操作后，将所得液放在一起。用 100mL 水洗涤，无水硫酸钠脱水，滤过蒸干。用

0.5mL 甲醇使过滤的大颗粒物质溶解即可得。

对照品溶液的制作：加 20mL 的 7％硫酸乙醇溶液、水溶液（比例为 1∶3）于 1g 对照药材中，按照相同操作步骤进行即可。

将供试品溶液和对照品溶液各 5～10μL 经隔断点于固定相上。黏合剂为 1％羧甲基纤维素钠。展开剂为 1∶1 的三氯甲烷、乙醚。选用展开箱作为展开的盛物器，放于规定器皿中。等其变干后，使用 10％的硫酸乙醇溶液进行处置，这样可得有试验意义的试验板，放于装备中升温，而后即可查看试验成果。观察两种溶液进行试验所得到的试验活性板在相对应的近似点上斑点的大小及色彩是否相同。

（2）检查　应符合颗粒剂项下可溶性颗粒有关的一般理化质量标准。

基本状况：颗粒大小、颜色均匀，颗粒剂应维持干燥，没有吸水变潮、颗粒聚集在一起等情形。

溶解性：将 10g 的样品与 200mL 的开水混合，均匀搅拌，5min 后立即观察；药品理当消溶完全，而混悬颗粒要求达不到那么高，为非均匀混合现象即可，不能出现大块杂质。

粒度：除生产中还有要求外，依据国家的颗粒相关规定查验；找出不能过一号筛的成品，以及过五号筛的成品，其质量总和禁超样品的 15％。

水分：参照水分测定法。生产情况下水分含量不可超过 6%。含水多，用水冲药物时容易粘在一起，但若含的水分过少，会不容易形成块。最终含有水分的多少会对制作后进入市场的药品的检测质量以及药品在出厂前和消费者购买后的贮存条件造成影响。

　　颗粒剂的质量受多方面的影响。现在消费者越来越注重药品质量及效果问题，质量还应该是企业发展需要重视的方面，应当加强质量。

◆ 第三节　结果与分析 ◆

　　能够以彩色图像直观地表达试验结果，这是薄层色谱法很重要的一个特点。其可以快速且有效地鉴定药品，为药品生产出厂进行质量把关。

　　图 9-3 是芩黄颗粒中桔梗成分的试验结果。采用了对照品和对照药材两种同时进行对照的方法。据图 9-3 分析，所得的试验板成果很好。产生的斑点显著可见，同时斑点间隔程度较好；重现性符合要求；两种溶液进行试验所得到的试验活性板在相对应的近似点上斑点的大小及色彩大致相同。所以芩黄颗粒中含有桔梗。

　　图 9-4 是芩黄成品中麻黄组分的试验效果。据以上试验结果可知，制备图谱效果很好。产生的斑点显著可见，同时斑点间隔程度较好。两种溶液进行试验所得到的试验活性板在相对应的近似点上斑点的大小及色彩大致相同。

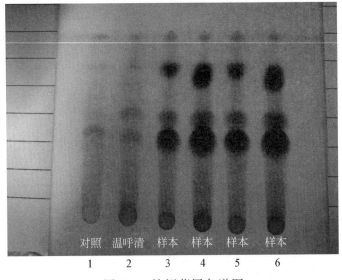

图 9-3　桔梗薄层色谱图

1—桔梗标准品；2—温呼清芩黄颗粒对照品；3～6—样本药品

所以芩黄颗粒中含有麻黄。

　　吸附剂的选择、薄层板的制作、点样、展开、显色都会影响最终试验结果的判定。对于薄层板，应均匀涂抹，这样试验时展开线才能在一条水平线上。在选取开端时，通常会选择与板距离 1cm 的位置，而后用铅笔描绘出。将样品在上述线条上进行点分离，注意动作不可过重。点间相距不要超过 2mm，需要在同一板上点多种样品进行试验的，点之间要有 1.5cm 左右的隔断。选用展开箱作为展开的盛物器，放于规定器皿中展开，取出后要尽快标记出在展开箱中所浸润的高度，待其液体蒸发后，观察结果。展开时要注意观察，展开剂的前沿快要升到底部时划线，

图 9-4　麻黄薄层色谱图

1—对照品分散效果；2—样本分散效果

因为这样才能得到展开剂的上升空间，判断出产物中各成分的相对斑点位置。

　　操作时，选取了适宜的对照物、试验试剂及准确的点样量等，试验结果中点的分离等均符合要求。芩黄颗粒的质量符合国家规定，证明了制备芩黄颗粒的流程是准确、优选的，可以进行药厂制备。

◆ 第四节　讨论 ◆

　　中药制剂的提取工艺研究是对处方中组成药材有效成分选择及富集的过程，因此要设计科学合理的提取工艺，尽可能保留原方中的有效成分并去除无效成分，这是中药成品内在质检及成品应用的影响条件之一。在药物制备中必须要除去与药效无关的成分，除杂方法包括自然沉降法、醇沉法和高速离心法。自然沉降法是由于杂质微粒的自身重力沉淀到底部而达到除杂的目的，但是需要的时间较长，效果也不稳定。高速离心法是利用机器高速转动产生离心力来进行除杂，该法分离效率高，使用条件无局限性，使用离心机即可，并且不会对其他成分产生破坏。本试验使用的醇沉法虽然除杂效果很好，但是工艺比较复杂，药品中的有效成分可能被除去。

　　在质量检测中按照药典的规定，检查了芩黄颗粒的物理性状、溶解性、粒度、水分等指标，所有结果均符合药典规定。但是需要注意的是，在接下来的研究中，未参与到更长时间留样观察中，以确定颗粒的稳定性。薄层色谱法经常用于中药药品的各项检测工作中，将该法应用于试验处方中的药材麻黄和桔梗，试验成果显示该法简单可行，可以鉴定出复方芩黄颗粒所含中药原材料。试验建立的薄层色谱法专属性强，操作简便，可用来鉴定芩黄颗粒的质量。但是如果使用高效液相色谱法来检验芩黄颗粒的质量，会更加全面，信息量更大，而且分析方法也简单可行。

芩黄颗粒可用于缓解热火，解毒和止咳平喘。按处方使用可救治鸡传染性支气管炎（简称传支），并可以预防其病毒的侵染。传支因感染病毒造成鸡只抱病，鸡群之间形成流行病，其主要影响鸡的呼吸系统等多个系统的正常运作，对鸡只危害很大。本实验没有验证出芩黄颗粒的预防治疗程度，尚需进一步结合药效学试验及临床观察进行验证。刘兴金等（2009）采用人工接种传染性支气管炎的方法，复制鸡传染性支气管炎病，按推荐的临床给药途径给药，经预防给药后观察动物的发病情况，并按显效、有效、无效等疗效判定指标对结果进行统计并评价。试验结果表明：芩黄颗粒的喂食方法是每升水中添加 1g 即可，持续三天。按此处方可以救治传支，并可以防备其病毒的侵染。

在流传多年的中医药学说影响及现代化研究的良好条件下，能够更好地从细节入手，从源头处分析组成药材，通过生产条件的筛选，制定各个环节的最佳生产条件，保证整个制备过程的质量可控性，这些是未来研究者需要去做的。

◆ 第五节 结 论 ◆

芩黄颗粒选取的合适的提取方法,产品纯度高,合格率高,药厂可进行流程操作。制备方法合理、简单可行,生产效率高,药厂可进行批次生产。把握了质量监测方法,颗粒成品质量符合国家规定,可有良好的临床效果,满足药品市场的需求。

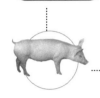

第十章
银黄可溶性粉的制备及体外抑菌试验

◆ 第一节 概述 ◆

一、抗生素在兽医临床上的使用

抗生素作为一种常见药物已经在兽医临床上使用多年，使很多动物疾病得到快速有效的治疗，同时还有促进动物生长的作用，从而提高养殖场的经济收益，推动养殖业的发展。在我国兽医临床上，伴随着抗生素广泛的使用，其缺点逐渐突出。我国在抗生素的使用量上是全球第一，抗生素长期滥用、不合理运用使养殖场成为一种新型环境污染源，引起社会群众的广泛关注。这种不合理的使用不仅会导致动物死亡，为养殖场带来经济损失；同时也会产生兽药残留，人们在食用这类肉产品后，直接影响身体健康。

在兽医临床上导致抗生素不合理运用的原因有很多。其一，对抗生素认识不全面。兽用抗生素类药品种类很多，我国执业兽医师资格考试开始没几年，过去个别学历低的兽医技术水平有限，不能够全面了解抗生素类药品，因此在临床使用中难免偶尔会出现用药错误的现象。这不仅仅会影响动物的健康，也有可能导致其死亡。其二，外部客观条件限制。目前中国基层兽医行业发展相对落后，没有良好的试验条件和设备，对动物病情的诊断大多依靠经验，无法做出精准的判断，因此在抗生素的使用上存在一定的盲目性。其三，饲养人员的问题。兽医在治疗过程中，会根据动物的病情严格规定每天药物的剂量及次数，以达到药物最佳治疗效果。但部分饲养人员会根据自己的经验，随意更改用药次数或剂量而影响治疗效果。

抗生素在临床上这种不合理的运用导致越来越多问题的出现。首先，致使细菌产生耐药性。在使用抗生素的过程中，药量不足、方法不当以及无明显症状滥用抗生素，尤其是长期使用抗生素很容易产生耐药菌株。这不仅使抗生素的抗菌效果减弱，也有可能会导致耐药菌甚至超级细菌的出现。其次，抗生素发挥效用杀灭病原微生物的同时，也会杀死动物体内其他正常的生理性微生物，破坏微生物种群之间的生态平衡。此外，抗生素在畜禽产品中的残留直接影响人类的身体健康。抗生素种类繁多，若是进入人类体内会致使多种不良反应发生。最后，长期使用抗生素治疗动物疾病会导致动物整体免疫功能下降，引起动物其他疾病的产生甚至死亡。

抗生素极强的杀菌作用使其成为兽医临床使用最为广泛的药物之一，在动物疾病的预防和治疗上，发挥了很大的作用。但抗生素的不合理应用影响了治疗效果。因此在用药时应根据抗生素的特点和动物的实际情况合理用药。除此之外，可大力开发中药饲料添加剂，来减少甚至替代抗生素的使用，降低滥用抗生素带来的危害。

二、中药在兽医学方面的应用与发展

兽药残留问题已经影响到我国养殖行业的发展，国家对兽药的管控也逐渐严格。自抗生素发现以来，在对临床疾病的治疗上取得了很好的效果，随后多种抗生素被广泛应用于临床。与此同时也带来很多负面影响，兽药残留是目前最受关注的问题。解决滥用抗生素最好的方式就是要开发无公害的中兽药。研究表明，中药不仅可以抑制细菌生长，还能通过增强机体抵抗力而发挥抑菌作用，部分中药对细菌的耐药质粒能够起到消除或抑制耐药性的作用。因此加强中药的开发利用，对我国养殖业的可持续发展具有重要意义。

1. 中药特点

中药成分繁杂，含有多种化学物质，如氨基酸、糖类、蛋白质、油脂等。在这些成分中有很多可以达到治疗和预防疾病的作用。随着我国畜牧业的迅速发展，动物多种疾病混合感染，导致疫苗效果不理想，严重影响我国养殖业的可持续发展。中药因具备提高机体免疫系统的功能、增强畜禽的抗病能力等特点，引起研究人员的广泛关注。最重要的是，中药毒副作用小，基本不存在兽药残留问题，这是抗生素类药物和激素类药物无法比拟的优势。

2. 中药在兽医临床的应用

研究表明，中药具有广谱抗菌、抗炎作用，属于纯天然药物，种类繁多及作用靶位多，且可以增强机体免疫力、不易产生耐药性。多重功效使其在临床上的使用越来越广泛。

（1）抗菌作用　目前兽医临床上使用的抗菌药物大多是抗生素类药物，虽然这类药物见效快，但毒副作用大及其导致的兽药残留增大了其局限性。中药的广谱抗菌作用和无残留促使研究人员加大对中药的开发利用。张莉等（2012）对 22 种中草药对常见禽类肠道病原菌的抑菌效果进行检测。采取传统水煎法来提取中药有效成分，通过体外抑菌试验测试每种中药提取成分的抑菌活性，确定其最小抑菌浓度。研究结果显示，22 种中药对大肠杆菌、鸡伤寒沙门氏菌、鼠伤寒沙门氏菌等均有不同程度的抑制作用。

（2）抗病毒作用　病毒是危害我国养殖业的重要病原体。中药抗病毒以抗流感病毒为主，如鱼腥草提取物可以抑制流感病毒和人类免疫缺陷病毒；金银花主要提取物绿原酸既可以通过抑制病毒的复制达到抗病毒的效果，又可以通过提高机体免疫力起到有力防止全身性感染的作用；黄芪多糖可以通过影响病毒核酸合成，从而杀灭病毒。

3. 中药成分提取工艺

随着中药的不断推广，中药成分提取工艺的相关报道越来越多，但有效成分的提取率依然是当今中药制剂的瓶颈。随着分析化学技术的不断发展，促进了中药提取工艺的不断进步。

（1）传统水煎法 我国最早使用的传统提取方法。称取适量中药放入煎器内，然后加水浸泡一段时间，加热煮沸 2～3 次，合并煎液，浓缩。煎煮法适用于药效成分对热较稳定且能溶于水的药材，方法简便容易操作，能煎出大部分中药的有效成分。但水煎法所提取的煎液中杂质较多，煎煮时间长，对有效成分不溶于水的中药提取效果很差。

（2）微波萃取技术 微波萃取技术的原理是在微波场中，中药不同成分由于吸收微波的能力存在差异，被选择性加热，从萃取体系中被分离出来，进入微波吸收能力差的萃取剂中。微波萃取法的优点是有效成分提取率高、选择性高、操作时间短、不易产生噪声、溶剂消耗量少。其可以有效解决热不稳定成分提取困难的问题。

（3）超临界流体萃取技术 超临界流体萃取技术的原理是以 CO_2 等超临界流体为萃取剂，从液体中萃取出待测成分。运用此技术提取分离中药有效成分，速度快、效率高、提取温度低、操作简单、萃取剂环保无害，产品中无残留的有机溶剂，所提取的有效成分有最大生物活性。

（4）半仿生提取法　此法是近年来一种较为先进的提取方法。这种提取法主要是通过模拟口服药物经胃肠道吸收的原理来对中药进行提取，采用确定 pH 的酸性水和碱性水依次连续地提取。这种提取方法既可以降低有效成分的损失又体现了中医临床用药的综合作用特点。

4.大肠杆菌概述

大肠杆菌自被发现后就被认为是一种非致病性细菌。经过不断的研究、探索证明，大肠杆菌的血清型比较多并且复杂，人们才逐渐认识到一些特殊血清型的大肠杆菌对人和动物有致病性，尤其新生婴儿和幼畜（禽）易感染大肠杆菌。在其出生后几个小时便可以进入肠道内繁殖，主要引起严重腹泻和败血症，发病无季节性。所以，许多研究学者将能够引起人类和动物肠道内组织感染的一类人畜共患病的大肠杆菌，又称为致病性大肠杆菌。其可导致呼吸道感染、脑膜炎等不同临床症状，引起了全世界广泛重视。

大肠杆菌所引起的疾病在养殖行业较为常见，对我国的畜牧业带来了严重的危害。如猪大肠杆菌病是由大肠杆菌引起仔猪发病，在临床上主要分为仔猪黄痢、仔猪白痢和仔猪水肿病等 3 种。在养猪场中，以上三种病症是常见病、多发病，主要是由大肠杆菌产生的肠毒素引起的，具有较高的发病率和死亡率，是影响仔猪存活率的主要疾病，对养猪业产生很大的影响。

仔猪黄痢的发生主要与外界环境相关，如应激反应、阴雨天气、母乳不足、圈舍温度失衡、圈舍拥挤、圈场污秽等。仔猪白痢的发生主要是新生仔猪免疫系统没有发育完全，抵抗力差，母乳不足时新生仔猪体内抗体减少，并与外界各种不良应激有很大关系。仔猪水肿病无季节性，但多雨季节发病率较高。体重大约在 15～40kg，健康无疾病的仔猪容易发病。其主要原因是此阶段由于饲养管理水平差，提前断奶，饲养方式的突然转变以及天气骤变等会使仔猪抵抗力下降而诱发本病。猪大肠杆菌病血清型多、病情较为复杂、耐药性强以及耐药基因类型不同，所以一直影响着我国畜牧业的发展速度。

5. 中药抗菌研究进展

随着现代化学分离技术的不断进步，中药的提取工艺也在不断进步，对中药有效抗菌成分的研究越来越深入。目前已经确认具有抑菌效果的有效成分主要包含多糖类、黄酮类、挥发油类和生物碱类等化合物。部分中药的抗菌单体已被提取出来，并完成了其化学结构的测定。

杨明等（2011）采用正交提取工艺对黄芩中的黄芩苷进行提取，优选出最佳提取工艺为乙醇浓度 70%、乙醇体积 100mL、冷浸时间 36h。将黄芩苷溶解稀释成 0.10～

0.70mg/mL 不同的 7 个浓度，试验结果显示黄芩苷对大肠杆菌和金黄色葡萄球菌的最小抑菌浓度分别为 0.5mg/mL、0.2mg/mL。由结果可知黄芩的提取物黄芩苷对大肠杆菌和金黄色葡萄球菌都具有较强的抑制作用。本实验为临床相关疾病的治疗提供了理论参考和数据参考，推动了中药的发展。

胡立磊等（2016）对金银花提取物进行了体外抑菌试验。金银花的有效抗菌成分主要为绿原酸和黄酮类物质。试验采取索氏回流提取法对金银花进行提取。并采用试管二倍稀释法测定金银花提取物对大肠杆菌标准株和临床分离培养的大肠杆菌进行体外抑菌试验。其试验结果为，金银花提取物对标准株大肠杆菌的最小抑菌浓度（MIC）为 15.7mg/mL，最小杀菌浓度（MBC）为 31.3mg/mL；对两株临床分离的大肠杆菌的最小抑菌浓度为 62.5mg/mL、31.3mg/mL，最小杀菌浓度均为 62.5mg/mL。试验结果中，标准菌与分离菌抑菌结果差别很大的原因可能有很多，其中最有可能的是临床分离的大肠杆菌菌株产生了耐药性。即便如此试验结果也证明了金银花提取物对大肠杆菌具有较好的抑制效果。试验所测金银花提取物对临床分离的大肠杆菌的 MIC 和 MBC 为临床合理使用中药防治大肠杆菌病提供参考。

6. 银黄可溶性粉的制备及体外抑菌试验的目的与意义

抗生素的滥用，使细菌耐药性受到广泛关注。面临这一严峻现状，发挥传统中药的治疗优势将成为重要课题。中药具有广谱抗菌作用且不易产生耐药性，但由于中药成分复杂，提取中药中具有抗菌作用的有效成分是目前中药发展的难题。本次试验研究银黄可溶性粉的制备过程，探究金银花和黄芩有效抗菌成分的提取过程，以及银黄可溶性粉对大肠杆菌的抑制效果。其有利于推广中药在临床上的使用，为今后中药的提取以及中药治疗大肠杆菌病等细菌性疾病提供科学的理论依据。

◆ 第二节　材料和方法 ◆

一、试验材料

1. 试验所用中药及试剂

金银花、黄芩、蒸馏水、盐酸、碳酸氢钠、葡萄糖、氢氧化钠、蛋白胨、氯化钠、牛肉膏、琼脂粉、乙醇、磷酸二氢钾（分析纯）、磷酸（分析纯）、甲醇（色谱纯）、乙腈（色谱纯）、75％的医用消毒酒精、95％燃烧用酒精、黄芩苷对照品、绿原酸对照品，其它试剂为分析纯。银黄可溶性粉由洛阳惠德生物工程有限公司提供，中药购自洛阳市同仁大药房。

2. 试验用主要仪器

电磁炉、电炉、烧杯、量筒、容量瓶、冰箱、玻璃棒、锥形瓶、漏斗、试管、移液管、游标卡尺、纱布、涂布器、平皿、接种环、试管架、高效液相色谱仪、紫外可见检测器、pH 计、烘箱、移液枪、旋转蒸发器（上海亚荣生化仪器厂）、恒温水浴锅（巩义市宏华仪器设备工贸有限公司）、色谱柱：Shimadzu ODS C_{18} 柱（150mm×4.7mm，5μm）、超净工作台（苏州净化设备有限公司）、高压蒸汽灭菌锅（上海医用核子仪器厂）、恒温培养箱（上海精宏实验设备有限公司）、恒温振荡培养箱（上海精宏实验设备有限公司）、电子天平。

3. 试验菌株

大肠杆菌由河南科技大学动物科技学院动物医学实验室鉴定保存。

二、试验方法

1. 银黄可溶性粉的制备流程

精密称取 375g 黄芩用水煎煮三次，合并三次的提取液，过滤后将滤液浓缩至相对密度 1.20。黄芩苷具有弱酸性，在酸性条件下稳定，用盐酸调节 pH 值至 1.0，80℃保温放置一段时间，滤过，向沉淀物中加适量的水搅匀溶解。黄芩苷可溶于碱，加 40%氢氧化钠调节 pH 值到中性。向溶液中加等比例的乙醇，搅拌使其溶解，滤过，滤液用盐酸调节 pH 值至 1.0，60℃保温，静置，滤过，用水和不同浓度的乙醇清洗沉淀，洗至 pH 值为 7.0，使乙醇挥发完全，最后进行减压干燥，即得黄芩提取物。

精密称取 375g 金银花，加水煎煮两次，合并煎液，过滤后将滤液减压浓缩，使其成为相对密度为 1.2（60℃）的清膏。绿原酸易溶于乙醇，加入适量乙醇使醇含量约占 85％，静置 24h，滤过，将滤渣进行第二次醇提，静置 24h，滤过，最后将两次的滤液合并，回收乙醇，减压浓缩至相对密度 1.20，进行喷雾干燥后，即可得金银花提取物。合并金银花提取物以及黄芩提取物，加入碳酸氢钠 40g，再加入适量葡萄糖至 1000g，混合均匀后，可得银黄可溶性粉。

2. 银黄可溶性粉的鉴别

取制得的银黄可溶性粉 1g，加入 9mL 75％乙醇，摇匀，作为供试品溶液，按照此法配制三个供试样品液。分别称取 3mg 黄芩苷对照品以及绿原酸对照品，用 75％乙醇溶解，制成浓度为 0.3mg/mL 的对照品溶液。参照薄层色谱法对银黄可溶性样品进行定性鉴别。用铅笔在薄层板上画一条直线，用毛细管吸取每种溶液 2μL，依次点在直线上（间距要保持均匀），待样点完全干燥后，以醋酸为展开剂展开，取出，晾干，在紫外灯（365nm）下检视。在色谱图中，样品在与对照品相同的位置会出现相同颜色的荧光斑点。

3. 银黄可溶性粉的含量测定

（1）金银花中的主要抗菌成分是绿原酸，采用高效液相色谱法对金银花中绿原酸的含量进行测定。色谱柱：ODS C$_{18}$ 柱（150mm×4.7mm，5μm）；以乙腈-0.4％磷酸溶液（10∶90）为流动相；检测波长为327nm。根据绿原酸的峰位，理论板数不得小于2000。

制备对照品溶液。用电子天平量取绿原酸对照品5mg。由于绿原酸见光易氧化，所以将称取的绿原酸存放于100mL的棕色容量瓶中。加入50％甲醇至刻度，摇匀使绿原酸完全溶于甲醇，即得浓度为50μg/mL的溶液，保存，备用。

制备样品溶液。用电子天平精密量取银黄可溶性粉1g，溶于10mL水中。然后吸取5mL的银黄可溶性粉溶液移至25mL棕色容量瓶中，向容量瓶中加50％甲醇20mL，待甲醇与其完全融合后，过滤，取滤液，保存，备用。

样品测定过程。分别准确量取对照品溶液与样品溶液各10μL，注入液相色谱仪中进行测定，记录色谱图，采用外标法计算绿原酸的含量。测定五批标号为A～E，每批重复测试三次，记录所测含量数据。每克所含金银花以绿原酸（C$_{16}$H$_{18}$O$_9$）计，不得少于1.7mg。

（2）黄芩中的主要抗菌成分是黄芩苷，采用高效液相色谱法测定黄芩苷含量。色谱柱：ODS C$_{18}$ 柱（150mm×4.7mm，5μm）；以甲醇-水-磷酸（50∶50∶0.2）为流动相；检测波长为274nm。根据黄芩苷峰位，理论板数不得小于2500。

制备对照品溶液。用电子天平量取 10mg 的黄芩苷对照品，在容量瓶内加入适量甲醇将黄芩苷对照品稀释溶解至 100mL。摇晃均匀后，精密吸取此溶液 5mL 移至 10mL 容量瓶中。再加入 5mL 蒸馏水，混匀后，即可得到浓度为 50μg/mL 对照品溶液。保存，备用。

制备样品溶液。用电子天平精密称取 1g 银黄可溶性粉，并将其置于 10mL 的容量瓶中，加水至刻度。待银黄可溶性粉完全溶解后，精密量取此溶液 5mL 移于 25mL 容量瓶中，再加入 20mL 蒸馏水。混匀后，精密吸取该溶液 3mL 移至 25mL 容量瓶中。最后向容量瓶中加甲醇至刻度，摇匀，过滤，取滤液，保存，备用。

样品测定。分别准确吸取对照品溶液与样品溶液各 10μL，注入液相色谱仪进行测定，记录色谱图，用外标法计算黄芩苷含量。测定五批标号为 A～E，每批重复测试三次，记录结果。每克所含黄芩以黄芩苷（$C_{21}H_{18}O_{11}$）计，不得少于 18.0mg。

4. 培养基的制备

普通营养琼脂培养基：蛋白胨 10g、牛肉膏 3g、氯化钠 5g、琼脂粉 15g、1000mL 蒸馏水。精密称取各组分，将蛋白胨、牛肉膏和氯化钠加入到 1000mL 的锥形瓶内，加 1000mL 蒸馏水，用玻璃棒搅拌均匀放在电炉上加热，加热过程中不断搅拌防止溢出。加入琼脂粉，搅拌均匀。用氢氧化钠和盐酸调 pH 至 7.2～7.4。封口，高压灭菌

15min。将高压灭菌后的溶液放在超净台中（提前 20min 开启紫外灯灭菌，试验时注意关闭），待培养基冷却至常温时，则可分别倾倒于直径 15mm 经高压蒸汽灭菌的培养皿中，每个培养皿中倾倒 25mL 营养琼脂培养基，待凝固后将培养皿倒置，保存，备用。

普通肉汤培养基：牛肉膏 3g、蛋白胨 10g、氯化钠 5g、1000mL 蒸馏水。普通肉汤培养基的制备与营养琼脂培养基的制备相似。精密称取各成分于锥形瓶内，加入蒸馏水 1000mL，在电炉上加热溶解，用氢氧化钠和盐酸调 pH 至 7.2～7.4。高压灭菌 30min 后存放于冰箱内，在 4℃下保存，备用。

5. 菌液的制备与稀释

取实验室内所保存的大肠杆菌，用接种环在超净工作台中酒精灯外焰约 5cm 处，接种于普通营养琼脂培养基中，接种过程中要注意无菌操作，然后倾斜放置于恒温振荡培养箱中，在 37℃的条件下培养 24h。分离出比较典型的大肠杆菌菌落到新鲜肉汤培养基中（分离时使用的接种环要注意消毒灭菌），37℃下培养 17h，连续培养 3 代以恢复其活力。培养完成后用无菌水冲洗，与麦氏比浊管对比，用灭菌后的生理盐水，将大肠杆菌菌液稀释至与 0.5 号麦氏比浊管浊度相当，即配成含菌量大约 1.5×10^8 cfu/mL 的试验用菌液，于冰箱内 4℃保存，备用。

6. 银黄可溶性粉的药液制备

按照兽药说明书上所标明治疗量的 10～20 倍的比例

配制药液。即银黄可溶性粉的治疗量为 1g 需要加水 1L，所以配制药液时就应该是 1g 加 50～100mL 水。使用电子天平精确称取银黄可溶性粉 5g，于 250mL 水中，搅拌均匀，使银黄可溶性粉完全溶解，即可得到药液，药液浓度为 20mg/mL。

7. 银黄可溶性粉的抑菌试验

采用平皿打孔法进行银黄可溶性粉的体外抑菌试验。在试验开始前先将超净工作台用紫外灯灭菌 20min。选用已经灭菌后的 20～200μL 量程的移液枪，吸取制备好的大肠杆菌菌液，滴在普通营养琼脂培养基上。将涂布器在酒精灯上灭菌后，均匀涂抹培养基上的菌液，在涂抹过程中可大约每 120° 旋转一次平皿，最后在培养皿的最外圈涂抹一次，在整个涂抹的过程中要保持力量均匀，以达到菌液可以均匀分布在培养基上的目的。然后用无菌打孔器在平皿上打三个孔，三个孔形成等边三角形，每两个孔之间的间距至少在 20mm 以上。完整剔除孔内的营养琼脂，不能残留。剔除后将平皿在酒精灯上微微加热，以平皿底部接触手背微微发烫为标准。最后将平皿放入恒温培养箱中，37℃ 下培养 24h。对结果进行观察记录，使用游标卡尺测量抑菌圈直径。重复两次试验，取平均值。可以将抑菌圈直径大于 13mm 标记为明显，小于 13mm 标记为不明显。

◆ 第三节　结果 ◆

一、银黄可溶性粉的鉴别及含量测定结果

图 10-1 为薄层色谱法鉴别银黄可溶性粉样品的色谱图。从上到下依次为绿原酸对照品、黄芩苷对照品、三个样品。

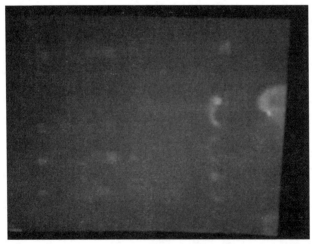

绿原酸对照品
黄芩苷对照品

样品

样品

样品

图 10-1　样品鉴定色谱图

图 10-2 为绿原酸对照品的色谱图；图 10-3 为黄芩苷对照品的色谱图；图 10-4 为银黄可溶性样品的色谱图。由图可知绿原酸对照品在 5.0～7.5min 之间出现最大峰值，而黄芩苷对照品在 10.0～12.5min 之间呈现最大吸收

值。所测得的样品色谱图在相同时间点同样达到绿原酸和黄芩苷的峰值。外标法进行样品中含量的计算，即样品含量＝（样品峰面积×对照品含量）/对照品峰面积。

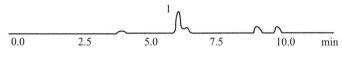

图 10-2　绿原酸对照品色谱图

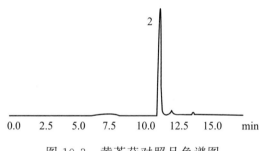

图 10-3　黄芩苷对照品色谱图

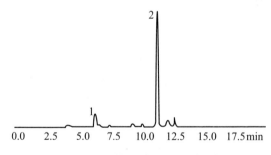

图 10-4　银黄可溶性样品色谱图

1—绿原酸；2—黄芩苷

表 10-1 为 A～E 批次银黄可溶性粉中绿原酸含量测定结果，表 10-2 为 A～E 批次银黄可溶性粉中黄芩苷含

量测定结果。由表 10-1 可知，实验所制备的银黄可溶性粉中绿原酸含量均高于 1.7mg/g；由表 10-2 可知，黄芩苷含量均高于 18.0mg/g，符合银黄可溶性粉的含量标准。

表 10-1 银黄可溶性粉中绿原酸含量测定结果（$n=5$）

批次	含量 1 /(mg/g)	含量 2 /(mg/g)	含量 3 /(mg/g)	RSD /%
A	1.773	1.792	1.755	1.04
B	1.790	1.834	1.825	1.28
C	2.010	2.122	2.094	2.80
D	1.895	1.905	1.910	0.40
E	1.930	1.924	1.893	1.04

表 10-2 银黄可溶性粉中黄芩苷含量测定结果（$n=5$）

批次	含量 1 /(mg/g)	含量 2 /(mg/g)	含量 3 /(mg/g)	RSD /%
A	20.056	20.035	19.987	0.17
B	18.735	19.530	18.968	2.14
C	19.653	19.203	19.997	2.03
D	20.016	19.978	20.013	0.11
E	19.776	19.845	20.002	0.58

二、银黄可溶性粉药敏试验结果

用平皿打孔法进行银黄可溶性粉的药敏试验所测得的试验结果如表 10-3 所示。

表 10-3　银黄可溶性粉对大肠杆菌的抑菌圈直径

银黄粉	直径/mm			平均直径/mm
A 组	13.8	13.5	14.4	13.9
B 组	13.9	14.2	13.0	13.7

◆━━━ 第四节　讨论 ◆ ▶

一、银黄提取工艺的探讨

抗生素因为具有良好的抑菌效果，所以被广泛应用于治疗细菌感染。虽然能够杀死一些普通细菌，但随着抗生素的过度使用，细菌逐渐产生耐药性，危害人和动物的健康，而引起全球广泛关注。而中药在预防和治疗细菌感染上具有独特的优势，细菌极少对中药产生耐药性。所以，使用中药抑菌被越来越多地应用在实践中。但中药成分十分复杂，具有抑菌效果的有效成分地提取成为中药发展的关键问题。经常使用的中药提取方法有水煎法、回流法、浸渍法等。近年来，关于中药有效成分提取的报道有很多，推出了很多新的提取工艺，如超临界流体萃取法、微波萃取法、酶法、空气爆破法、破碎提取法等。不同提取工艺的提取方法不同，提取等量有效成分所消耗的能源也不尽相同。每一种提取方法都有各自的优点和缺点。中药提取工艺的不断进步，在推动我国中药的发展上具有至关重要的作用。

金银花为忍冬科植物,其成分主要是绿原酸、异绿原酸、三萜皂苷、肌醇、木犀草素等,其中的有效抑菌成分主要是绿原酸。绿原酸是一种有机酸,易溶于醇。本试验中为了提高金银花中绿原酸的提取率,采用乙醇为提取剂来提取金银花中的绿原酸。每克银黄可溶性样品中绿原酸含量均高于 1.7mg,提取效果较好,这与陈茜(2018)所报道的结果相近。其试验中表示加入超声波后,通过超声波来破坏细胞壁,来提高绿原酸的提取率,但金银花经过超声波处理后易成黏稠糊状,难以应用于工业化生产。与其相比,利用乙醇进行提取,乙醇水溶液中含有机溶剂和无机溶剂,二者相互配合萃取。水分可通过细胞膜进入到细胞内,最终将细胞涨破,使绿原酸更容易被萃取。以醇提法来提取绿原酸更适用于工业化的生产。李杰等(2018)采取水热法对金银花中绿原酸进行了提取,优选出水热法的最佳提取条件为液料比 20∶1(mL/g),提取温度 120℃,提取时间 20min。此法将中药和水放入一个密闭体系中,通过高温、高压使水处于一个亚临界状态,增强水分子运动活性,提高绿原酸在水中的溶解率,从而提高提取率。此法为绿原酸及其他植物中生物活性物质的提取提供参考。本试验采用醇提法对金银花进行提取,参考了康旭等(2010)将金银花水提液和金银花醇提液采用纸片法对多种细菌进行体外抑菌试验的研究。其中,测得金银花水提液和金银花醇提液对大肠杆菌的抑菌圈直径分别为 9.0mm 和 22.9mm。从结果得出，两种提取方法所提取的药液体外抑菌效果差别很大。其主要原因很可能是金银花水提液与金银花醇提液相比，绿原酸含量太少，导致其体外抑菌效果较差。

黄芩为唇形科植物，其主要成分为黄芩苷。药理上已证明黄芩苷具有抑菌消炎、清热解毒的功效。黄芩苷易溶于碱性溶液，在酸性溶液中容易析出，本试验采用水提碱酸沉法来提取黄芩中的黄芩苷。本试验中对黄芩提取液进行两次酸沉，充分提取黄芩苷。郑艳红等（2015）为了优选黄芩中提取黄芩苷的最佳制备工艺，采用单因素试验，以提取液中黄芩苷含量和出膏率为评价指标，对黄芩苷制备工艺的影响因素进行考察。发现制备黄芩苷的最佳工艺条件为：10 倍量水，80℃回流提取 2 次，抽滤，合并两次提取液，加 6mol/L 盐酸调节 pH 至 1.0，80℃下保温60min，酸沉静置 12h，离心，沉淀依次用水及 50％、95％乙醇各洗涤 1 次，洗至 pH 值为中性，即得纯度≥80％的黄芩苷产品。本试验与所报道的黄芩苷提取工艺优化方法中的一步酸沉稍有不同。其原因可能是本试验对黄芩初步提取采用的水煎法，提取效率相对他们试验中初步提取所采用的回流法较低，所以本试验酸沉两次。但在实际生产过程中，两种提取方法哪种更适合工业化生产有待进一步研究。张琳等（2016）采取大孔吸附树脂提取纯化黄芩苷，此方法提取黄芩苷不涉及酸性试剂和碱性试剂，对比本试验其提取方法更环保、对环境污染小。但此法提取黄芩苷的最佳工艺及提取效率有待考察。其中不同型号的树脂、不同浓度的乙醇、不同的洗脱时间、不同的提取温度等关键因素需要进一步研究，确定此方法是否能应用于工业生产。

二、银黄抑菌效果的讨论

自从中药的抗菌效果发现以来，因其对多种细菌都有较强的抑制作用甚至能杀死细菌，而且副作用小、不易产生耐药性等优势而得到重视。关于中药抑菌的研究报道越来越多。但中药种类繁多，各种中药的成分较多，有效抑菌成分含量不同，所以各种中药的抑菌效果也不尽相同。

银黄可溶性粉主要是由金银花和黄芩的提取物组成。本试验采用平皿打孔法来测定银黄可溶性粉的体外抑菌作用，所测得的抑菌圈直径的平均值为 13.8mm。结果表明，银黄可溶性粉对大肠杆菌且较好且较明显的抑制作用。关于金银花和黄芩体外抑菌的报道有很多，王悦等（2013）测定了 13 味中药对鸡大肠杆菌的抑菌效果，结果显示金银花对鸡大肠杆菌进行体外抑菌试验测得的抑菌圈直径为 11.03±2.73mm。其试验中金银花的药液浓度为 1g/mL，要远高于本试验中银黄可溶性粉的药液浓度，结果却没有本试验中银黄可溶性粉药液对大肠杆菌的抑菌效果好，证明了对中药进行精细提纯以及合理配伍可以极大地提高中药的利用度。阮武营等（2016）也报道过采取药敏纸片法对金银花提取物绿原酸类对巴氏杆菌、链球菌、沙门氏菌的抑菌效果进行测定，抑菌圈直径分别为 11.7mm、11.0mm 和 7.3mm。其试验同本试验为中药的广谱抗菌作用提供参考。

银黄止咳颗粒同银黄可溶性粉一样，其主要成分也是金银花和黄芩。段凯文等（2014）为了探索银黄止咳颗粒是否具有体外抑菌和抗炎功效，采用肉汤二倍稀释法进行体外抑菌试验；通过注射 0.6% 冰醋酸建立炎症早期实验动物模型，并收集腹腔液体用于检测 590nm 波长处的光密度值。结果表明，银黄止咳颗粒对大肠杆菌等多种细菌具有较好的抑制效果，测得对大肠杆菌的最小抑菌浓度为 7.8mg/mL。同本试验一样证明了以黄芩和金银花为主要成分的银黄方剂对大肠杆菌具有较好的抑制作用。

根据中兽医学理论可知，一般情况下，多味药的抑菌效果要比单味药的抑菌效果好，因为大多数中药之间都有相互协同的作用。如果药物配伍合适，能够大大提高药物的治疗效果，减少药品用量，降低生产成本。本试验所制的银黄可溶性粉便是由黄芩提取物和金银花提取物合并而成，为其他银黄制剂提供参考，也为中药复方制剂的研制及实践应用提供可能性。

三、各因素对抑菌效果的影响

试验中影响抑菌效果的因素可能有很多，如金银花、黄芩等中药的产地及年限等因素，提取方法的选择，培养基的制备，细菌的培养，菌悬液的浓度，药液浓度。还有可能受到其它外界因素的影响，如细菌培养的温度、培养时间，都会对抑菌效果产生难以掌控的影响。且本试验只进行了银黄可溶性粉对大肠杆菌的体外抑菌试验，其体内的抑菌效果尚不确定，有待于进一步的研究。本试验为银黄制剂的制备及临床应用提供参考。

◆ 第五节　结　论 ◆

根据黄芩和金银花有效抗菌成分理化性质的不同，对黄芩苷采取水提碱酸沉法进行提取，对绿原酸采取醇提法进行提取。两种提取物加入碳酸氢钠和葡萄糖定量后，可制得高纯度的银黄可溶性粉。对其进行体外抑菌试验，结果显示，以此法制备的银黄可溶性粉对大肠杆菌具有较强的抑制作用。

第十一章

中药在防治猪腹泻上的应用

　　仔猪腹泻是集约化养猪条件下的一种典型的多因素性传染病，是目前严重的仔猪疾病之一，也是引起仔猪死亡的重要原因。仔猪腹泻主要有猪流行性腹泻、仔猪红痢、仔猪黄痢、仔猪白痢、猪传染性胃肠炎、猪痢疾、猪轮状病毒等感染。主要表现为水样腹泻，发病率高，仔猪成活率降低、生长缓慢、生长发育停滞，饲料报酬降低，严重的引起仔猪大量死亡，给养殖户造成巨大的经济损失，严重威胁养猪业健康发展。

　　近年来，随着抗生素和化学药物的大量应用，产生耐药菌株，也使得仔猪肠道菌群失调，治疗效果较差，而且药物残留严重危害人类健康。相比之下，我国传统中药以其无残留、毒副作用小、不易产生耐药性等优点，受到越来越多研究者的重视。我们应积极探讨中兽医的科学组方及用药方案，发挥中兽医"对症下药、辨证施治、标本兼治"的优势，最大化减轻对仔猪尚未健全的免疫器官的损害，全面提高综合防治效果。

第一节　在猪消化不良型
腹泻防治上的应用

　　育成猪消化不良型腹泻大多数可以通过自身生理稳态系统和合理限饲调整过来，大多数发生在仔猪。当前在我国养猪业中，为了提高其生产能力和经济效益，绝大多数的养猪企业和养猪个体户施行了仔猪早期断奶生产手段。在实际生产中，常在产后 21 天左右断奶，甚至 14 天断奶。这样做可显著地提高综合经济效益，增加仔猪存栏量，缩短饲养周期，降低生产成本。仔猪早期断奶已成为我国养猪业提高经济效益，降低生产成本最重要的手段。然而由于过早断奶，仔猪突然失去了母源抗体的被动免疫保护；加之自身免疫系统特别是肠道黏膜免疫系统发育不完善，降低了仔猪对各种病原的抵抗力，出现如采食量下降、饲料利用率降低、营养不良、机体免疫力下降、生长发育停滞、消化功能紊乱的现象，其中尤以引起断奶仔猪肠道炎症性疾病最为严重。刚断奶的仔猪消化系统不完善，吸收面积小，饲粮完全改为固体的生饲料，不能很好地消化、吸收。仔猪生活环境的改变，舍内温度、湿度、卫生等及天气寒与热的变化，造成仔猪腹泻。饲喂管理不善，饲料的随意更换、喂食过多，饲喂发霉或有毒饲料，造成腹泻。在有些发病仔猪的粪便中能明显看到饲料颗粒，给我国养猪业带来了巨大损失。目前以抗生素作为饲料添加剂防治断奶仔猪腹泻取得了较好的成效，但抗生素在生物体和环境中的残留、细菌耐药性的产生、公共卫生安全等问题，严重危害人类健康。使用安全、无药物残留、无耐药性的饲料添加剂，以防治断奶仔猪腹泻已成为尤为必要的事情，而中药在这方面有着独特的优势。中草药来自自然界，具有不易产生药物残留、不易产生耐药性、毒副作用小、更加环保等优点。

中兽医理论认为，由于饲养管理不良，气候多变，外感淫邪，饮食所伤，脏腑虚衰引起的脏腑功能失调，可引起断奶仔猪腹泻。由中兽医理论可知，脾属后天之本，气血生化之源。若脾胃内伤，气血生化无源，卫外失固，则内不足以维持身心活动，外不能抗御外邪的侵袭，导致各种疾患的发生。由于脾喜燥恶湿，脾气宜升，主水谷之运化；胃潮百脉，喜润恶燥，主腐熟，胃气宜降。脾胃共同完成"运化水谷，升清降浊"的功能。湿盛是断奶仔猪腹泻最为明显的外因；脾胃虚弱是其内因。脾虚时动物机体会出现消化吸收障碍，具体表现为纳差、便溏、消瘦等临床症状。一切外邪或内伤因素作用于脾胃，都能引起脾胃运化失调、腐熟无力、纳食不佳、清浊不分、传导失职，导致腹泻，尤其机体体虚，或病久损伤肾阳，致命火不足而无以脾温阳时，则可加重病情。仔猪腹泻多因母猪产后瘀血未尽郁而化热，乳由血生，热乳被仔猪吮入；或喂养失调，食乳过度；或气候剧变，外邪乘袭，进而引起断奶仔猪腹泻的发生。

辨证论治：伤食腹泻。症状主要是精神不安，食欲不振，腹痛则泻，泻后痛减，粪便稀薄，内含未消化饲料，气味酸臭，口色淡白，舌苔厚腻。

治疗上，郑艳明等（1995）采用健脾和胃、消食导滞的原则，方用复方健脾散（陈皮、生姜、槟榔、甘草、山楂、神曲、麦芽、莱菔子、茯苓），取得了良好的效果。郭洪梅（2013）用健脾益胃散处方：党参、白术、马齿苋、蒲公英、陈皮、炙甘草等对断奶仔猪泄泻的预防及对仔猪生长性能的影响进行试验，结果发现，中药组比对照组腹泻率下降 43.2%，同时显著提高仔猪免疫力，表明中药能促进仔猪生长，提高仔猪抗病力。

第二节　在猪细菌性腹泻防治上的应用

导致断奶仔猪腹泻的细菌有猪痢疾密螺旋体，致病性大肠杆菌，伪结核耶尔森氏菌，肠弯曲杆菌，魏氏梭菌，猪结肠菌毛样螺旋体，伤寒、副伤寒及其它沙门氏菌，衣原体，肠念珠菌等。我国中医药抗菌成分及抗菌作用研究开始于 20 世纪 50 年代，并且陆续发现了很多具有抗菌作用的中药。传统的中药抗菌药物研究更加注重清热解毒类的药物，常见的有黄柏、黄连、黄芩等。目前，中医药研究中发现泻下药、补虚药及凉血药等也具有不同程度的抗菌作用。复方中药制剂具有提高仔猪采食量、增强免疫、防止腹泻、促进生长的作用，能抵御传染性与非传染性因素对仔猪的侵袭，达到预防和治疗仔猪腹泻的目的。中医药除了具有一定的抑菌作用以外，还可以通过促进有益菌的增殖而间接抵制有害菌的生长。李晶等（2014）对所分离的大肠杆菌进行体外抑菌试验，结果发现，中药肠氨对仔猪致病性大肠杆菌具有较强的抑制作用。杨丹红等（2015）经过研究发现，中草药可以有效抑制和杀灭母猪体内的大肠杆菌，仔猪食用了含有药物成分的乳汁可以抗菌消炎，提高自身免疫力，预防仔猪黄痢、白痢，提高仔猪的生长速度和增重率。

董世山等（2005）观察了几种中药复方提取物的抗仔猪腹泻作用，并深入探讨了抗腹泻机理。发现白头翁、苦参、黄芪、三颗针、黄柏、党参等复方提取物降低仔猪腹泻发生率效果显著；有效控制仔猪腹泻，在一定程度上可以替代抗生素的使用；这几种中药复方提取物能明显抑制K88大肠杆菌。有学者采用中药对仔猪黄痢进行治疗和预防，取黄连、白头翁、龙胆草三种草药研成细末、混匀，用米汤灌服；使用未成熟的番石榴果实，干后研磨灌服；取地锦草、白头翁、败酱煎服，取地锦草半斤，水煎成浓汁喂母猪，或用10%的剂量喂仔猪；华山矾叶、马齿苋、枫树叶、继木叶，煎水喂服；华山矾皮半斤，煎水取汁，喂母猪或小猪；算盘子研成细末，饲喂小猪；石榴皮、焦山楂，混合炒焦，加继木叶，煎水喂服；肺形草、白头翁

等量，研成细末，用温水调服，效果良好。张赛奇等
（2015）探讨了黄连等15种中草药对猪大肠杆菌的体外抑
菌作用，测定了抑菌圈直径和最小抑菌浓度（MIC）。结
果显示：黄连、大黄均对大肠杆菌O_{101}呈高度敏感，抑
菌效果最好；黄芩、黄柏、金银花呈中度敏感。方向红等
（2013）应用人工感染耐药严重的猪源大肠杆菌进行治疗
性试验。通过体内外抑菌试验，筛选出马齿苋、黄柏、白
头翁、椿皮4味效果较好的中药，再对4味中药的水提物
进行抑菌试验。结果发现：黄柏水提物和齿苋水提物对大
肠杆菌有较好的抑制作用。王俊丽等（2012）采用水煎法
制18种中药水提物，分别通过试管二倍稀释法和管碟法
进行体外抑菌试验。2种测定方法中黄连、大黄抑菌效果
最强。王自然（2006）根据中药治疗鸡大肠杆菌病的经
验，采用中药茜草、苦参等13味中药组方对人工感染仔
猪大肠杆菌引起的腹泻进行治疗，治愈率达90％以上。中
药组方经体外抑菌试验证明，对耐药菌株和非耐药菌株都
有较好的抑菌作用。这说明中草药配伍合理，在体外也有
很好的抑菌杀菌作用。这充分证明中药标本兼治的优越
性，体现了中医所说"药有个性之特长，方有合群之妙
用"的精妙之处。同时也说明用中药治疗猪腹泻是有效防
止药残和耐药菌株出现的途径。王明周（2014）通过制作
断奶仔猪腹泻模型，发现中药复方可显著降低断奶腹泻仔
猪的腹泻指数。其所使用的中药复方由党参、茯苓、炒白
术、木香、砂仁、炙甘草、山楂、神曲、麦芽组成。胡新

岗（2010）试验发现中药卵黄免疫球蛋白制剂用于治疗仔猪腹泻，总有效率 96.67%，显著优于对照组，可用于治疗仔猪大肠杆菌性腹泻。刘勇亮（2015）利用乌梅、黄连、诃子以及秦皮中药制备的制剂对大肠杆菌腹泻仔猪进行治疗，结果，该中药制剂对仔猪大肠杆菌腹泻的治愈率最高达 80%；并研究了其复方中药制剂对仔猪生长、腹泻率、血液生化及肠道菌群的影响，结果，中剂量中药组的日均增重显著增高及腹泻率显著降低；低剂量中药组血液中红细胞数量极显著增高，添加中剂量中药仔猪血清中 T3 含量显著增高。结果表明，仔猪饲喂连梅止痢中药制剂和抗生素后，肠道微生物菌群的多样性增加。谷巍等（2018）研究发现嗜酸乳杆菌发酵中药（乌梅、五倍子、蒲公英）能够降低因 ETEC K88 引起的腹泻小鼠的腹泻指数和腹泻率，提高小鼠免疫器官指数，修复肠黏膜并维持肠道菌群平衡，快速消除小鼠体内炎症，可为开发防制 ETEC 所致的仔猪腹泻相关中药发酵产品提供参考。

第三节　在猪病毒性腹泻防治上的应用

导致断奶仔猪腹泻的病毒有猪瘟病毒、猪流行性腹泻病毒、传染性胃肠炎病毒、细小病毒、星状病毒、圆环病毒 2 型、猪腺病毒、非洲猪瘟病毒、轮状病毒、呼肠孤病毒、肠道病毒、疱疹病毒等。抗病毒西药长期应用易产生耐药性，降低疗效，病情复发，成为临床治疗及新药开发的重要问题；而中药及其复方具有调节免疫功能、抑制病毒复制、阻止病毒致细胞病变、抗炎镇痛、解热等功效。中医的辨证施治，可根据不同的症状，使用不同的药物，达到治疗目的。这些药物含有不同的成分，可能对不同的微观病理变化发挥作用，从而直接杀灭病毒。中药不但可以杀伤病毒，还可以刺激机体的免疫系统产生干扰素、肿瘤坏死因子、白细胞介素等细胞因子，一方面直接杀伤病毒，另一方面保护机体，减轻病毒产生的毒素对机体的损害。

潘光建等（2014）用中药提取物（金银花、黄连、栀子、大青叶、白头翁、山楂、乌梅、麦芽等）治疗仔猪流行性腹泻，其治愈率 94.44%，死亡率 5.56%，对其病毒性腹泻具有很好的治疗效果。段永团等（2017）使用中药五苓散辅以益生素、电解多维、葡萄糖、补液盐来治疗仔猪流行性腹泻，中药成分为茯苓 180g、泽泻 300g、猪苓 180g、肉桂 120g、白术（炒）180g，收到了较好效果。杨云乔等（2017）用中药复方（白头翁 80g、黄芩 80g、秦皮 50g、党参 60g、苍术 50g、甘草 30g、当归 40g、肉桂 50g、厚朴 50g、诃子 60g 和山楂 50g）和西药抗生素对流行性腹泻病毒感染猪进行临床治疗，结果显示中药治疗组平均 4.42d 治愈，治愈率 86.67%，复发率 0.00%，体重最大下降 0.59%，11d 增重 22.44%。表明采用复方中药治疗猪流行性腹泻有较好的疗效，且治疗效果优于抗生素疗法，这可能与复方中药可以加速组织修复、减轻炎症反应和调节免疫有关。刘衍芬等（2016）用自拟中草药复方，由穿心莲、无花果、大青叶、马齿苋、黄芪等组成，对人工感染猪流行性腹泻病毒（PEDV）发病仔猪进行治疗，试验结果为加量治疗组对 PEDV 感染仔猪治疗效果最好，说明中草药复方治疗猪流行性腹泻效果良好。尹宝英（2014）为了确定自拟中药复方对猪流行性腹泻的治疗效果，试验应用 2 组自拟中药复方对自然发病的流行性腹泻病例进行治疗。2 组自拟中药复方对猪流行性腹泻有较好的治疗效果，其治愈率和有效率分别为 52％与 86％和 54％与 80％。证明自拟中药复方能用于猪流行性腹泻的临床治疗。尹宝英等（2014）试验通过对免疫猪只投服复方中药，观察猪只的发病情况和抗体生成水平，发现自拟中草药组方对猪流行性腹泻免疫有显著的增强效果。复方 I 由四君子汤（党参、白术、茯苓、甘草）加白芍、枸杞、当归、猪苓等中草药组成；复方 II 由四君子汤加淫羊藿、黄芪、白芍、泽泻等中草药组成。

一、猪流行性腹泻（PED）中兽医发病机理

腹泻，大便次数增多，大便稀薄，甚至腹泻如水，根据证据可分为肾虚腹泻、损伤性食物腹泻、湿热腹泻、脾虚腹泻和寒湿腹泻。PED 多发生在寒冷季节，在中国兽医医学中，其是由脾胃的外邪因素引起，并在体内积聚有毒有害的湿气。症状分析：胃主要接受食物，脾脏主要运

化食物，胃肠道损伤，运输和传导障碍，产生腹泻；湿和热损伤胃肠道、血瘀，经络阻塞，所以腹痛；湿和热损伤经络，所以发烧腹泻，粪便腥臭；湿热进入膀胱，尿短、发红；湿热内困，所以精神不振；水分离开大肠，水分流失，所以口渴，但水分困在里面，所以饮水少。口色黄红，苔黄腻，脉滑数，均为湿热。治疗宜清热解毒，清脾湿、涩泻。仔猪气血不足，脏腑柔弱，脾胃虚弱。因此，喂养和管理不当，寒热不规律，湿热侵袭，可导致脾胃功能障碍和腹泻。

二、中药体外抗猪流行性腹泻病毒（PEDV）的作用

国内外许多研究人员用 Vero 细胞作为宿主细胞，使用 MTT 法和形态学观察测定中药对 PEDV 的活性。结果发现，单一中药和中药复方有很大的潜力抵抗该病毒，大黄能直接灭活病毒，抑制病毒复制，能阻止病毒对细胞的吸收；由黄芪、茯苓、白术、黄芩等成分组成的复方，可以显著抑制 PEDV 效应引起的病变，对细胞保护率超过 50%，提取液在一定程度上能抑制 PEDV 复制。黄连、苦参、香薷、艾叶等中药复方稀释 50 至 100 倍时对 PEDV 增殖起明显抑制的作用。还有好多植物提取物可以很好地对 PED 病毒起抵抗作用。如甘草提取物（甘草酸）可降低促炎细胞因子的 mRNA 水平，抑制 PEDV 进入 Vero 细胞和复制，中度抑制 PEDV 感染。银杏多糖抑制 PEDV 感染，具有很强的抗病毒活性。

曾威等（2017）研究表明，灵芝水提物、穿心莲水提物、紫锥菊醇提物、灵芝醇提物、海藻寡糖水提物等在体外对 PEDV 增殖均有一定的抑制作用，其中紫锥菊醇提物对 PEDV 增殖尤其有效。儿茶素、芹菜素、槲皮素、木犀草素有抗 PEDV 的作用。J W Kim 等（2017）从日本七叶树种子中提取的七叶树皂苷对 PEDV 有明显的抑制作用。Kwon 等人分离出 5 种海藻酸多酚，发现它们可以抑制病毒的进入和复制，对 PEDV 具有较强的抗病毒活性，可以用来研制抗该病的无公害、绿色、环保的药物。J L Yang 等（2017）研究表明，从菊花中提取的多种化合物可显著降低 PEDV 核衣壳和蛋白的合成，抑制病毒复制。Song 等研究发现，在感染 PEDV 的 Vero 细胞中加入槲皮素-7-鼠尾苷具有较强的抗 PEDV 活性。Kim 发现艾蒿精油有较强的抗 PEDV 活性。目前，虽然有许多中药有效成分已被证明具有抗 PEDV 的作用，但实际应用于临床的报道较少，大部分仍处于实验室研究阶段。

三、中药防治 PED 的临床应用

根据中药作用机制、临床症状和中医辨证，许多学者结合一些中医理论来治疗，采用利湿药、涩肠止泻药、健脾止呕药、清热解毒药并辅以补益等药物，组成了一些治疗该病的方剂，在临床上已被证明是有效的。采用马齿苋、黄芪、大青叶、无花果、穿心莲等复合方剂治疗该病，有效率、治愈率达 50%，仔猪精神状态好，迅速恢复食欲,粪便逐渐干燥。陈兵等将炒白术、黄连、党参、焦诃子、茯苓、黄芩、葛根、干姜、泽泻、甘草等组成药方,配合使用蒙脱石治疗3~5日龄、28~30日龄 PED 仔猪,死亡率和治愈率分别为 15.5%、84.5% 和 19.2%、80.8%。紫花地、黄连、板蓝根丁、蒲公英等组成的配方,对 3 日龄大的小猪进行人工毒攻击保护测试,受 PEDV 攻击的新生仔猪的肠道损伤和生长性能得到改善,可减轻 PEDV 引起的肠绒毛萎缩和隐窝增生,中药组仔猪平均日增重增加。常洪涛等(2018)采取产床及时喷雾消毒和清除粪便,用香连溶液每天擦拭母猪乳头 6 次,使该病的发病率在 30% 以内。由黄芩、山楂、当归、甘草、秦皮、肉桂、厚朴、党参、白头翁、苍术等为主要成分组成的复方,水煎,治愈率 87%,平均 4.42 天治愈。朱买勋试验结果表明由黄芩、白术、黄芪、茯苓等组成的复方,对 PEDV 的致病变有明显的抑制作用,抑制病毒复制效果和直接灭活病毒作用效果显著,对试验细胞的保护率均超 50%。王艳丰等(2018)使用了中药复方、抗生素及干扰素对自然感染猪流行性腹泻病猪进行了治疗,试验挑选 339 头病猪,随机分成中药复方组、干扰素组 2 个试验组,并设抗生素对照组进行治疗试验。试验结果显示抗生素组效果较差,中药复方口服液治疗效果显著,猪只精神状态良好,粪便干燥成型,可以用来防治该病;干扰素组效果良好,可以用来防治该病。其中药复方口服液由茯苓、葛根、秦皮、党参、白头翁、黄连、白术、石榴皮、黄柏、黄芩等组成，具有除湿止泻、凉血止痢、清热解毒等功效，治疗该病的效果良好。根据试验结果，使用中药复方口服液灌服，每公斤体重服 0.75mL，每天 2 次，连用 5 天，治疗 PED 具有良好的效果。

四、中药抗 PED 的作用机制

1. 中药间接、直接地抑制或杀死病毒

中药含有多种间接、直接抑制或杀死病毒的活性成分，如苷类、醛、酚类、挥发油、酮类、多糖、酸类、生物碱等，主要是通过阻止病毒复制、在体内清除病原体，刺激调动免疫防御系统从而起杀毒的作用。研究表明，清湿药、涩肠药、清热药等中药具有比较强的抗此病毒的活性，可抑制病毒进入机体或复制，甚至直接杀死病毒。

2. 中药能减轻炎症、修复肠黏膜

中药可以使绒毛高度与隐窝深的比值和肠黏膜厚度增加，让肠黏膜表面固有层清晰，纹状体边缘结构均匀，B Keimer 等（2018）试验结果显示酵母水解提取物可以明显提高断奶仔猪结肠隐窝深度、空肠绒毛/隐窝比率和肠绒毛高度。孟冬霞等（2017）将神曲、陈皮、苏子、党参、白术等组成的复方超微粉碎后拌料饲喂 28 天，能够明显提高保育猪小肠绒毛高度与隐窝深度的比值，上皮内杯状细胞及淋巴细胞数量，使保育猪小肠结构发育状况得到改善。中药有很多的对抗炎症反应的机制，包括作用于

细胞因子、对基因转录环节的调控、调节氧化应激与抗氧化平衡、兴奋下丘脑-垂体-肾上腺皮质轴、调控细胞信号传导通路、调节一氧化氮水平等。

3. 中药增强猪只抵抗力

中药能增强机体细胞和体液免疫功能，促进免疫器官、细胞因子、免疫细胞等，不仅能直接杀灭病毒，而且还可以保护猪只，减少由病毒产生的毒素对猪只的伤害。董发明等将枸杞、白头翁、穿心莲、女贞子、杨树花、大青叶、黄连、黄柏等组成复方，试验结果表明，能够明显减少仔猪腹泻，促进断奶仔猪健康生长，促进血液中淋巴细胞等白细胞生成，提高机体抵抗力。叶瑞兴等用陈皮、丹参、柴胡、白术、苍术等组成复方，试验后报道了该药方可有效改善断奶仔猪空肠黏膜的免疫力和抗氧化能力。段明房等（2018）试验发现益生菌和中药复方（鱼腥草、蒲公英等）能明显提升血清免疫球蛋白水平，增强猪的免疫力和抵抗力。王娅等以甘草、连翘、黄柏、金银花、石膏、黄芪、栀子、知母、板蓝根、黄连、大黄、白芍等组成复方，可有效提高断奶仔猪的抗氧化能力和免疫力，可以提高血清中 $IL\text{-}2$、$IL\text{-}6$、$IFN\text{-}\gamma$、$IFN\text{-}\alpha$ 的表达量。

4. 中药可以使胃肠蠕动减缓

相关研究试验结果表明，收敛肠道、理气类等中药具有止泻功能。有报道称，苦参碱止泻颗粒（由白芍、木香、苦参组成）可以明显减少蓖麻油引起的小鼠腹泻次数，对正常小鼠胃排空产生抑制作用。由郁金、黄芩、栀子、黄柏、大黄、诃子、黄连、白芍等组成的复方可以抑制肠运动。

5. 中药可以增强肠道酶的活性

部分中药可以明显增强猪只肠道消化酶活力，促进蛋白质等营养物质吸收，增强机体抵抗力，预防腹泻。MK Asha 等（2017）试验结果表明甘草提取物可以明显增强消化道内胰脂肪酶、α-葡糖苷酶、木聚糖酶、肌醇六磷酸酶、胰 α-淀粉酶的活力。任丹丹等试验结果表明加味四君子汤（基础方加木香、麦饭石、黄芩、黄芪等）可以增强仔猪血清中胰脂肪酶、淀粉酶、D-木糖的水平，提高仔猪免疫力。银杏叶提取物也可以明显增强仔猪小肠中淀粉酶、脂肪酶、胰蛋白酶、胃蛋白酶活力。

赵娟等（2014）为了研究益气健脾中药对腹泻仔猪小肠黏膜结构的影响，试验用抗生素及中药复方颗粒剂治疗腹泻仔猪，通过制作石蜡切片、HE 染色观察小肠黏膜病理组织学变化；电镜包埋切片观察小肠黏膜细胞结构的变化。结果显示，中药复方颗粒剂治疗组小肠黏膜除有少量出血外，未发现明显病理变化。抗生素治疗组则小肠黏膜脱落，有广泛充血、出血。结果表明，抗生素治疗仔猪腹泻造成小肠黏膜明显的病理变化和功能障碍，而中药复方颗粒剂治疗有利于仔猪小肠黏膜结构的修复。杨云乔等（2017）用复方中药治疗流行性腹泻病毒感染猪的消化道黏膜后进行电镜观察及相关酶检测。透射电镜观察结果表明，中药治疗猪细胞结构接近正常，无严重细胞损伤，但细胞微丝管、骨架等结构不如健康猪清晰。琥珀酸脱氢酶、单胺氧化酶和 Na+-K+-ATP 酶检测结果均为中药治疗猪酶活性显著高于西药治疗猪。由结果可以推测，复方中药治疗猪流行性腹泻的良好效果可能与保护线粒体、稳定细胞结构、稳定膜结构、调整酶活性和抗继发感染有关。

第四节　在猪寄生虫性腹泻防治上的应用

引起仔猪腹泻的寄生虫种类较多，原虫类有球虫、隐孢子虫、弓浆虫等；蠕虫可分为线虫、吸虫、绦虫，如姜片吸虫、猪鞭虫、结肠小袋虫、兰氏类圆线虫等。

目前，造成仔猪腹泻的球虫病，6～10 日龄的仔猪易感。在阴雨天多、空气湿润的环境下，猪舍潮湿，很适合球虫的繁殖，极易暴发球虫病。感染猪开始排黄褐色至灰色的糊状粪便，1～2d 后变为水样腹泻，腹泻持续 4～8d 直到严重脱水死亡。万应散源于《医学正传》，由槟榔、雷丸、苦楝皮、皂角、黑丑、大黄、木香、沉香组成，因疗效显著，故名万应散。临床主要应用于驱蛔虫、姜片吸虫、绦虫等虫积症。由于本方药性猛烈，攻逐力极强，故对孕畜及体质弱者慎用。樊新平（2011）应用万应散加减治疗蛔虫病长白猪、秦川犊牛、骡驹各 1 头，效果良好。符式群等（2019）应用中药万应散对猪蠕虫进行驱虫试验，并观察其效果。他选择粪便中有蠕虫虫卵的育肥猪 30 头，日粮添加中药万应散，15 天后检查每头猪每克粪便中的虫卵数，结果虫卵减少率为 95.20％。万应散方中雷丸、苦楝皮为主药；大黄、槟榔、黑丑、皂角为辅药；木香、沉香为佐药；合而用之具有攻积杀虫、行气健脾的效果。大多数西药虽然可驱杀线虫、吸虫及其移行期的幼虫、绦虫等蠕虫，也可抑制虫卵的孵化，但毒副作用较大，且伤害环境，不能长期过量使用，使用时应注意休药期。

杨春林等（2013）为了观察中药二丑对猪蛔虫病的驱虫作用，将 42 头猪分为 4 组，3 个试验组，1 个对照组，试验组按每千克饲料添加 3g、4g、5g 二丑，连续饲喂 2d，10d 后检验。发现，中药二丑驱虫效果较好，所添加的剂量范围都比较安全，值得推广。李献军（2011）进行了中药对离体猪蛔虫的疗效研究，发现 18 种中药中使君子、牵牛花、雷丸 3 种的驱虫有效率在 10％～30％；牛蒡子、金樱子、龙胆草、苦参、小麦秤、厚朴和南瓜子 7 种有效率在 40％～60％；贯众、五味子 2 种的有效率在 80％～90％；香苦丁、狼毒、石菖蒲、鹤虱、小叶烟、槟榔 6 种的有效率在 100％。酸碱度、药物产地等都对蛔虫的治疗效果有影响。如果数味中药组成复方制剂用于蛔虫的预防和治疗，则效果会更好。

利用中药提取物对猪蛔虫病进行防治。从云南贯众分离得到的化合物山奈酚 3-A-L-（4-O-乙酰基）鼠李糖基-7-A-L-鼠李糖苷能较好驱除猪蛔虫。而且该药毒副作用小。而目前临床上常用的西药驱虫药，如阿维菌素类和咪唑类对人体和动物机体均有不同程度的毒副作用，在动物机体内有不同程度的残留，休药期长，危害人类健康，污染环境。使君子的有效化学成分为使君子氨酸，其提取物防治猪蛔虫效果良好，较低剂量的使用与 7.5mg/kg 左旋咪唑效果相当。苦楝皮提取物川楝素是驱除蛔虫的有效成分，研究发现其还有较好的抗菌作用，对猪蛔虫有一定的疗效。

　　猪附红细胞体（Eperythrozoonosis Suis）称为血液寄生虫，该病原为立克次氏体，呈多形性。该病如治疗不及时可继发蓝耳病、高热证等，并且治愈后间隔一时间仍然发作，给养猪业造成很大损失。此病目前尚未有疫苗，所以在预防上给养殖户造成极大困扰，其还能引起哺乳仔猪腹泻。苏占涛（2010）利用中药黄芪和苦参对猪附红细胞体病进行预防，经临床试验证明，拌料预防，收到了很好的效果。中药黄芪在猪体内能产生抗体，从而提高猪的免疫力；中药苦参具有抗某些血液原虫的作用，尤其是对附红细胞体有良好的抵抗作用。二者配伍使用，对猪的附红细胞体病能达到理想的预防效果。研究资料表明，用小鼠做试验动物，以苦参液为防护剂，经日本血吸虫尾蚴攻击，观察对小鼠的保护作用，结果显示，涂擦苦参水煎液无感染，而对照组皆从体内找到成虫，且肝虫卵结节明显，证明苦参具有抗日本血吸虫尾蚴感染的作用。通过对猪的临床试验表明，苦参也具有抗血液原虫的作用。

猪弓形虫病一般使用磺胺类药物进行预防和治疗，而磺胺类药物容易产生残留，给养猪业造成很大的威胁，且磺胺类药物有一定的肾毒性，对猪只的健康有害。李强华（2018）使用中药对猪弓形虫病进行治疗研究，治疗情况为中药治疗组平均滋养体个数 5 天内逐天减少，到第 5 天时，滋养体个数为 0，效果非常显著。其中药的主要配方为桦褐孔菌、草薢、榧子、南瓜子、柴胡、甘草、密蒙花、紫花地丁、金银花、大叶桉、麦芽、陈皮。杨树森等（1983）研究从 120 种中草药中筛选出 30 种具有不同程度干扰弓形虫进入能力的中药，发现其水浸煎剂 1∶20 稀释时，弓形虫侵袭力下降 60% 以上者有甘草、柏子牛、女贞子、鸡冠花等，其中甘草的抑制率达到 100%。司开卫等（2004）研究表明，扁桃酸能明显减少感染弓形虫病小鼠腹水中虫体的数量，有效延长小鼠的存活时间，说明其对弓形虫病有较好的治疗效果。冯伟疆（2015）选取了感染弓形虫病的病猪，随机平均分为两组，对照组给予西药治疗，观察组给予中西药结合治疗。结果表明，观察组治愈率显著高于对照组，死亡率显著低于对照组。在姚永琴的研究中得出同样结论。张学忠（2018）采用中西医结合法对猪弓形虫病进行治疗，中药处方的药物主要有甘草、麦芽、六曲、当归、柴胡、陈皮、连翘、苦参和常山，观察中西药结合对猪弓形虫病的治疗效果发现，中西药结合组病猪恢复效果最好，西药组次之，而中药组的病猪恢复速度比较慢，但中药组病猪恢复状态比较好。马超峰（2016）对猪群采用3个中药配方防治弓形虫感染：A方，黄花蒿、柴胡；B方，常山、槟榔、柴胡、麻黄、甘草、桔梗；C方，大黄、丹皮、栀子、连翘、蒲公英、天花粉、金银花、甘草。各个配方均拌料饲喂5d，对在转群时较易感染猪弓形虫病猪场应用B、C配方中药制剂拌料饲喂，猪弓形虫病的发病率和病死率分别由50%和40%下降到10%和20%以下，可有效防控猪弓形虫的发生，为养殖户挽回经济损失。刘馨忆（2016）采用中西药结合的方法治疗猪弓形虫病，对比对照组给予单纯西药治疗，所用药物为复方长效磺胺间甲氧嘧啶钠注射液；观察组在对照组的基础上加用中药制剂：地丁15g、黄连10g菖蒲12g、青蒿30g、使君子10g、柴胡10g、苦参30g、贯众5g、常山10g。结果：同对照组相比，观察组腹水弓形虫数明显降低，差异具有统计学意义，中西药结合治疗猪弓形虫病的疗效显著，值得临床推广。颜友荣（2012）为研究中西药结合对猪弓形虫病的疗效，将日龄一致、体重相近的5窝（共50头）40日龄健康猪随机分为4组：中药治疗组、西药治疗组、中西药结合治疗组和对照组，先将各组猪腹腔接种弓形虫滋养体，感染24h后治疗组开始用药，对照组不用药，并检测4组猪腹水含虫量。再将感染猪的病料接种小白鼠，进行动物回归试验，同时观察各组猪只的临床表现并采取双抗体夹心一步ELASA法检测弓形虫循环抗原。结果表明：中西药结合组对猪弓形虫滋养体的杀灭作用较好，其血清循环抗原转阴速度明显比其他3个试验组快，值得在临床上推广应用。其中药组方为：黄连10g、地丁15g青蒿30g、菖蒲12g、苦参30g、常山10g、使君子10g、贯众5g、柴胡10g。张步彩（2014）发现蟾酥与桦褐孔菌的抗弓形虫效果与磺胺间甲氧嘧啶钠相近，桦褐孔菌与黄荆叶的抗弓形虫效果与磺胺间甲氧嘧啶钠相近，由桦褐孔菌、黄荆叶、黄皮叶和甘草组成的中药复方制剂具有一定的抗弓形虫效果，25g/kg的剂量效果最佳。

第五节　在其他原因导致的腹泻防治上的应用

龚金秋（2015）对大、中、小养殖场进行反复临床试验，用中药复方（大蒜、苦参、穿心莲、地丁、连翘、金银花、吴茱萸、附子、桂枝、羌活、防风、荆芥、茯苓、白术、苍术、赤芍、石菖蒲、白蔻仁、猪苓、车前草、山楂、神曲、砂仁、党参、黄芪、当归、五味子、侧柏叶等）治疗初生仔猪腹泻，预防和治疗能达到82%上的效果。仔猪发生腹泻时哺乳母猪也受到风寒湿邪的侵扰，病源来自母猪，仔猪腹泻要母仔同治。黄雨林（2017）用四逆汤给腹泻仔猪灌肠治疗，用给予口服枯草杆菌二联活菌颗粒做对照，结果显示，四逆汤灌肠治疗仔猪腹泻具有良好的临床效果。

颜诚等（2012）随机选取 30 头健康临产母猪，平均分为 A、B 两组，A 为对照组，B 为试验组。产仔后，因母猪不同将仔猪分为 Aa、Bb 组。B 组饲料中添加复方中药（生黄芪、益母草、当归、蒲公英、泽泻、乌梅、黄连、姜黄、诃子），A 组正常饲喂。结果表明 Bb 组末重、日增重、腹泻率均与 Aa 组差异显著。表明通过母乳给药在预防仔猪腹泻、促进生长方面具有一定效果。通过母源疗法预防哺乳期仔猪腹泻的报道较少。

车清明等（2015）采用自拟中草药饲料添加剂配方 2 个，选择 10kg 左右长白二元杂交猪 90 头，经过常规免疫、驱虫。分为试验 Ⅰ、Ⅱ组和对照组，每组 30 头。试验 Ⅰ 组基础日粮中添加 1% 的中药配方 A，试验 Ⅱ 组基础日粮中添加 1% 的中药配方 B，对照组基础日粮中不添加任何中草药，分别饲喂 30d。Ⅰ、Ⅱ组仔猪的腹泻率比对照组下降了 13.33% 和 6.66%。两个试验组和对照组相比腹泻率均有下降，其中试验 Ⅰ 组仔猪的腹泻率显著下降。说明在饲料中添加中草药能不同程度地减少仔猪腹泻，从而增加养殖场的经济效益。李树等（2019）探索了自拟中药制剂防治仔猪腹泻效果及其对母猪繁殖性能和年生产力的影响，在治疗和预防腹泻仔猪试验中，试验组的腹泻率和腹泻指数均极显著低于对照组；在母猪繁殖性能方面，试验组母猪 21 日龄窝质量极显著高于对照组，断奶仔猪存活头数显著高于对照组，仔猪腹泻率显著低于对照组，断奶至再发情时间极显著低于对照组。每头试验组母猪和对照组母猪年提供断奶仔猪数分别为 17.60 头和 14.17 头，根据当前市场价格纯盈利分别为 5249.32 元和 3130.3 元。说明其中药制剂对哺乳仔猪腹泻的防治具有明显效果，可提高母猪繁殖性能和年生产力，经济效益显著。周学玉（2008）用复方中药制剂党参、茯苓、白术、甘草、黄芪等加味四君子汤，添加在仔猪基础日粮中进行为期 31d 的试验，试验结果为复方中药制剂能够有效地降低断奶仔猪的腹泻率。敖维平（2010）用 30 头（30±3）日龄断奶仔猪，在日粮中添加复方中药乌梅散观察其预防和治疗仔猪腹泻的效果及对早期断奶仔猪生长性能的影响，为养猪临床用药和深入研究提供参考。结果显示：乌梅散在预防断奶仔猪腹泻方面效果显著，在促进生长和治疗腹泻方面效果不显著。柴君秀等（2002）选择将白头翁、苦参、黄芩、广木香等 8 味中草药研制成"香参口服液"，对发生腹泻的 20 日龄哺乳仔猪和 35 日龄断奶仔猪，每天 100mL，分 2 次灌服，连用 3～5d。其结果为"香参口服液"对治疗哺乳断奶仔猪腹泻疗效好，疗程短，治疗总有效率达 86.35%，治愈率达 77.25%。

综上所述，仔猪腹泻是许多因素共同作用导致的结果，因此防治该病应做到"四早"：早发现、早预防、早诊断和早治疗，以避免仔猪腹泻的发生，确保仔猪成活率。如今，我国传统中药治疗疾病注重标本兼治，且中药的疗效接近或优于西药，以其无药物残留、毒副作用小、不易产生耐药性等优点，战胜了抗生素耐药性的产生以及抗病毒药物的禁用等缺点。因此为避免重大经济损失的发生以及抗生素产生耐药性的严重性，利用我国特有的中医理论和丰富的植物药资源开发控制仔猪腹泻制剂已经成为维持和发展养猪业的重要课题，建立一种安全有效的防御机制并研制纯天然药物防治仔猪腹泻的中药配方势在必行。随着研究的不断深入以及科学技术的不断发展，中药治疗仔猪腹泻将展现出强大的活力，将会得到进一步开发和利用。

第十二章

治疗仔猪腹泻中药复方的筛选及应用结论与创新

（1）首次对洛阳地区规模化猪场仔猪腹泻的发病情况的调查显示，仔猪腹泻发病严重。

（2）通过对规模化猪场仔猪粪便及肠内容物进行样品采集，以此为基础，对规模化猪场大肠杆菌耐药性、耐药基因进行检测分析及中药对其的抑制作用进行研究，取得了以下研究结果：

① 通过样品采集、分离鉴定、致病性试验判定有 17 株致病性大肠杆菌。通过药敏试验，筛选出青霉素、氨苄西林、红霉素、多西环素 4 种抗生素药物的耐药性强；单味中药萹蓄、鱼腥草、积雪草耐药性强；香薷、白头翁、黄连和黄芩均有不同程度的敏感性，而黄连、黄芩敏感性最强；中药组方加味黄连解毒汤、加味白头翁汤的敏感性较强。

② 通过 PCR 技术对大肠杆菌的耐药基因进行检测，从 17 株菌株中共检测出 5 种不同类型的耐药基因，包括：

氨基糖苷类 [*aac*（3）-Ⅱ]、β-内酰胺类（*TEM*、*CTX-M*）、四环素类（*tetA*）、大环内酯类（*ermB*）等 4 种抗生素类的耐药基因，说明大肠杆菌自身包含不同的耐药基因类型。

③ 在体外试验中，中药黄连、黄芩与抗生素联用对致病性大肠杆菌具有较好的抑菌效果，说明中药黄连、黄芩对致病性大肠杆菌耐药菌具有较好的抑菌作用并且可以延缓耐药性的产生，此方法稳定可靠，为临床上抑菌试验、药物筛选提供更好的帮助

（3）以黄连等 15 种临床常见中草药和实验室鉴定分离保存的猪源多重耐药大肠杆菌为试验对象，探究比较中药对猪源多重耐药大肠杆菌的抗菌活性以及耐药消除作用，得到以下结论：

① 通过测定中药对大肠杆菌的 MIC，发现黄连、黄芩、五味子对猪源多重耐药大肠杆菌抗菌活性较强。

② 通过应用 RT-qPCR 技术测定中药作用猪源大肠杆菌前后 *aac*（3）-Ⅱ耐药基因含量的相对变化，发现中药作用 24h，黄芩、黄连、五味子、艾叶对 *aac*（3）-Ⅱ耐药基因消除效果较好，消除率均达 70% 以上。并且，中药浓度越大、作用时间越长，其对耐药基因的消除效果越好，提示可以通过适当增加中药剂量和用药时间来提高中药耐药消除效果。

③ 通过观察中药作用前后猪源大肠杆菌对抗生素的敏感性差异，发现黄芩、黄连、艾叶对猪源大肠杆菌的耐

药性消除作用明显，五味子虽然对猪源大肠杆菌耐药性具有消除作用，但作用不明显。

④ 艾叶抗菌活性不强，但对猪源大肠杆菌耐药消除作用较强，表明，中药抗菌能力和耐药消除能力不呈正相关。

（4）芩黄颗粒制备选取的提取方法合适，产品纯度高，合格率高，药厂可进行流程操作。制备方法合理，简单可行，生产效率高，药厂可进行批次生产。把握了质量监测方法，颗粒成品质量符合国家规定，可有良好的临床效果，满足药品市场的应用。根据黄芩和金银花有效抗菌成分理化性质的不同，对黄芩苷采用水提碱酸沉法提取，对绿原酸采用醇提法提取。两种提取物加入碳酸氢钠和葡萄糖定量后，可制得高纯度的银黄可溶性粉。对其进行体外抑菌试验。结果显示，以此法制备的银黄可溶性粉对大肠杆菌具有较强的抑制作用。

参考文献

［1］孙涛, 李东春, 朱雅宁. 提高新生仔猪成活率的有效对策［J］. 中国畜禽种业, 2009, 1（1）: 39-40.

［2］WITTUM T E, DEWEY C E, HURD H S, et al. Herd-and litter-level Factors associated with the Incidence of Diarrhea Morbidity and Mortality in Piglets 1 to 3 days of Age［J］. Swine Health Prod, 1995, 3: 99-104.

［3］KONGSTED H, STEGE H, TOFT N, et al. The Effect of New Neonatal Porcine Diarrhoea Syndrome（NNPDS）on Average Daily Gain and Mortality in 4 Danish Pig Herds［J］. BMC Vet Res, 2014, 10: 90.

［4］KOENIG J E, SPOR A, SCALFONE N, et al. Succession of Microbial Consortia in the Developing Infant Gut Microbiome［J］. Proc Natl Acad Sci U S A, 2011, 108: 4578-4585.

［5］宣长和. 猪病学［M］. 北京: 中国农业科学技术出版社, 2003.

［6］高作信. 兽医学［M］. 3版. 北京: 中国农业出版社, 2001: 170-171.

［7］李龙. 仔猪流行性腹泻的最新流行情况［J］. 养猪, 2011（5）: 87-88.

［8］王相平, 崔兰芝, 张恒权, 等. 仔猪大肠杆菌病的诱因、诊断及防制措施［J］. 畜牧与饲料科学, 2007（6）: 86-87.

［9］富永明, 王浩, 邢连臣. 哺乳仔猪腹泻的防控对策［J］. 吉林畜牧兽医, 2012, 33（4）: 40-41.

［10］宣长和. 猪病学［M］. 2版. 北京: 中国农业科学技术出版社, 2005: 108-119.

［11］张志标, 古文良. 仔猪流行性腹泻的防治［J］. 畜牧兽医科技信息, 2012（1）: 74.

［12］郭伟. 仔猪腹泻的预防与治疗［J］. 畜牧兽医科技信息, 2012（5）: 64.

[13] 吕阳育.猪流行性腹泻的诊断与防治措施 [J].畜禽业, 2012 (7): 59-60.

[14] 钱峰, 钱尉.仔猪流行性腹泻的防治 [J].江西畜牧兽医杂志, 2016 (5): 33-34.

[15] 王汝都, 杨旭东.规模化猪场仔猪腹泻的发病特点与防治 [J].畜牧与饲料科学, 2011, 32 (5): 104-105.

[16] 胡建卫.仔猪腹泻原因及综合防治措施 [J].河南畜牧兽医, 2008, 29 (4): 19-21.

[17] 王红宁.仔猪腹泻成因及综合防治技术措施 [J].中国畜牧杂志, 2002, 42 (6): 59-60.

[18] 陈爱权.仔猪腹泻的病因与防治 [J].养殖技术顾问, 2014 (8): 82-83.

[19] 范领斌.仔猪腹泻的原因与防治措施 [J].疾病防治, 2016 (8): 24-25.

[20] 刘文来, 吴卫平.仔猪流行性腹泻的诊断与防制 [J].现代农业科技, 2012 (18): 287.

[21] 何芙蓉, 邓奇风, 高凤仙.仔猪腹泻原因及综合防治 [J].广东畜牧兽医科技, 2014, 39 (3): 1-4.

[22] 任立平.猪流行性腹泻的临床特征及综合防治措施 [J].中国畜禽种业, 2011, 7 (2): 114-115.

[23] 钱峰.猪大肠杆菌病的诊断与综合防治 [J].畜牧与饲料科学, 2012, 33 (3): 112-115.

[24] 房海.大肠埃希氏菌 [M].石家庄: 河北科学技术出版社, 1997.

[25] 陈溥言.兽医传染病学 [M].5版.北京: 中国农业出版社, 2007.

[26] 王宏.牛源大肠杆菌耐药性及耐药机制研究 [D].哈尔滨: 东北农业大学, 2011.

[27] SMITH J L, FRATAMICO P M, GUNTHER NW. Extraintestinal Pathogenic *Escherichiacoli* [J].Foodborne Pathog Dis, 2007, 4 (2): 134-163. DOI: 10.1089/fpd.2007.0087.

[28] MARTINEZ-MEDINE M, MORA A, BLANCO M, et al. Similarity and Divergence among Adherent Invasive *Escherichia coli* and Extraintestinal Pathogenic *E.coli* Strains [J].J Clin Microbiol, 2009, 47 (12): 3968-3979. DOI: 10.1128/JCM.01484-09.

[29] DOBRINDT U, HACKER J. Targeting Virulence Traits: Potential Strategies to Combat Extraintestinal Pathogenic E. coli Infections [J] . Curr Opin Microbiol, 2008, 11 (5): 409-413. DOI: 10. 1016/j. mib. 2008. 09. 00.

[30] 韩春. 猪源致病性大肠杆菌的流行调查及药敏实验 [J] .中国畜禽种业, 2014, 10 (1): 113-115.

[31] 银花, 张金宝.扎兰屯地区鸡大肠杆菌病流行病学调查 [J] .职业技术, 2013 (10): 89.

[32] 付宇, 王彬, 孟庆敏, 等.牛奶中致泻性大肠杆菌的污染状况及耐药性研究 [J] .中国卫生检验杂志, 2016 (2): 287-289.

[33] 陈颢, 张国斌, 王治仓, 等.高寒地区羔羊大肠杆菌病综合防治 [J] .畜牧兽医杂志, 2013, 32 (6): 120-121.

[34] 王宏. 牛源大肠杆菌耐药性及耐药机制研究 [D] .哈尔滨: 东北农业大学, 2011.

[35] 哈尔阿力, 巴音巴特, 杨润.新疆牛羊产业的发展现状及对策 [J] .中国畜牧兽医, 2011 (15): 129.

[36] 龚光明, 李桃, 张晓芳, 等.产超广谱 β -内酰胺酶肠杆菌科细菌的临床分布与耐药性分析 [J] .中华医院感染学杂志, 2016, 26 (1): 13-15.

[37] NATARO J P. BOPP C A, Fields P I, et al. Manual of Clinical Microbiology [M] . Washington D C: ASM Press, 2011: 603-626.

[38] 唐明旭. 鸡大肠杆菌的发病机理及诊治 [J] .中国畜牧兽医文摘, 2016, 32 (5): 218, 236.

[39] 钱锋.规范兽医市场 确保食源健康 [J] .畜牧兽医科技信息, 2009, (6): 13-14.

[40] STANNARIUS C, BÜRGI E, REGULA G, et al. Antimicrobial Resistance in Escherichia coli Strains Isolated from Swiss Weaned Pigs and Sow [J] . Schweiz Arch Tierheilkd, 2009, 151 (3): 119-125.

[41] TAUBES G. The Bacteria Fight Back [J] . Science, 2008, 321 (5887): 356-361.

[42] 肖永红, 沈萍, 魏泽庆, 等.Mohnarin2010 年度全国细菌耐药监测 [J] .中华医院感染学杂志, 2011, 21 (23): 4896-4902.

[43] 杨微. 大肠杆菌耐药性的研究进展 [J]. 畜牧与饲料科学, 2011, 32 (6): 116-118.

[44] GUENTHER S, GROBBEL M, HEIDEMANNS K, et al. First Insights Intoantimicrobial Resistance among Faecal Escherichia coli I solates from Smallwild Mammals in Rural Areas [J]. Sci Total Environ, 2010, 408 (17): 3519-3522.

[45] GUENTHER S, GROBBEL M, LBKE-BECKER A, et al. Antimicrobial Resistance Profiles of Escherichia coli from Common European Wild Bird Species [J]. VetMicrobiol, 2010, 144 (1/2): 219-225.

[46] 李可, 张茂棠, 徐亚军, 等. 健康人群大肠埃希菌 I 类整合子与多重耐药的相关性分析 [J]. 现代预防医学, 2005, 32 (2): 118-120+ 127.

[47] 李文波, 刘丽华, 卢青云, 等. 泌尿系统感染大肠埃希菌产超广谱 β-内酰胺酶耐药表型研究 [J]. 国际检验医学杂志, 2013, 34 (22): 3072-3073.

[48] 顾欣, 张鑫, 李丹妮, 等. 我国兽用抗菌药物使用现况及"无抗"饲养的探讨 [J]. 中国兽药杂志, 2013, 47 (8): 54-57.

[49] CORDERO O. X., WILDSCHUTTE H., KIRKUP B., et al. Ecological Populations of Bacteria Act as Socially Cohesive Units of Antibiotic Production and Resistance [J]. Science, 2012, 337 (6099): 1228-1231.

[50] 王丹丽, 简桂花, 汪年松. 中草药抗菌作用的研究进展 [J]. 中国中西医结合肾病杂志, 2014, 15 (11): 1021-1023.

[51] 刘云宁, 李小凤, 班旭霞, 等. 中药抗菌成分及其抗菌机制的研究进展 [J]. 环球中医药, 2015, 8 (8): 1012-1017.

[52] 王嵩. 中草药抗细菌感染的研究 [J]. 北京中医, 2002, 21 (4): 249-251.

[53] 吕正涛, 牟子君. 中药复方制剂的体外抗菌活性研究 [J]. 中医药学报, 2013, 41 (4): 72-75.

[54] RICE L B. Antimicrobial Resistance in Gram-Positive Bacteria [J]. American Journal of Infection control, 2006, 34 (5): S11-S19.

[55] 江震献, 张晓林, 彭霞, 等. 蝎子草抗菌活性成分的研究 [J]. 时珍国医国药, 2012, 23 (3): 619-620.

[56] 韦建华, 卢汝梅, 周媛媛. 草龙提取物及化学成分的抗菌活性研究 [J]. 时珍

国医国药，2011，22（6）：1449-1450.

［57］王新，崔一喆，韩铁锁.中药抗菌复方 I 的筛选及甲氧苄啶对其抗菌增效的研究［J］.中华中医药杂志，2009，24（7）：969-972.

［58］马朝，刘静，史瑞娜，等.双黄连片对细菌感染小鼠的保护作用［J］.中国中药杂志，2008，33（6）：702-704.

［59］游思湘，毛春季，曹琰，等.复方黄连注射剂血清药理学研究［J］.时珍国医国药，2012，23（8）：1873-1875.

［60］李占林，李丹毅，吴瑛，等.金莲花抗菌有效成分［J］.沈阳药科大学学报，2008，25（8）：627-629.

［61］赵夏博，梅文莉，龚明福，等.降香挥发油的化学成分及抗菌活性研究［J］.广东农业科学，2012（3）：95-96+ 99.

［62］王记祥，金首文.南川升麻的化学成分和抗菌活性研究［J］.安徽农业科学，2012，40（5）：2651-2653.

［63］杨晓杰，郑云姬，李娜，等.亚洲蒲公英多糖的抑菌性和抗氧化性研究［J］.时珍国医国药，2012，23（1）：109-110.

［64］WALLMANN J. Antimicrobial Resistance: Challenges Ahead［J］. Vet Rec，2014，175（13）：323-324.

［65］HO T Y，LO H Y，LI C C，et al. In vitro and in Vivo Bioluminescent Imaging to Evalvate Anti-Escherichia coli Activity of Galla Chinens［J］. Biomedicine，2013，3（4）：160-166.

［66］吴峥嵘.双黄连粉针剂对多重耐药大肠埃希菌耐药性影响的机理研究［D］.北京：北京中医药大学，2013.

［67］董杰.细菌获得性抗生素耐药基因研究进展［J］.中国预防医学杂志，2015，16（1）：71-74.

［68］阎爱荣，廖晖.中药对产 ESBLs 大肠埃希菌的作用研究进展［J］.中国药房，2012，23（7）：668-670.

［69］张晓玲.中西药组合对多重耐药鲍曼不动杆菌体外抑菌活性的研究［D］.济南：济南大学，2014.

［70］蒋培余.中药抑制剂逆转细菌耐药性的研究进展［J］.辽宁中医药大学学报，2008，10（10）：53-55.

[71] 李延鸿，朱怀军.中药单方或复方对大肠埃希菌R质粒消除作用的研究 [J].实用药物与临床，2013，16（12）：1147-1150.

[72] 杨再昌，杨小生，郝小江，等.细菌外排泵抑制剂 [J].中国药科大学学报，2005，36（4）：381-384.

[73] 刘晓强.宠物源大肠杆菌对氟喹诺酮类药物的多药耐药机制研究 [D].杨凌：西北农林科技大学，2012.

[74] 陈禹先.鹰嘴豆芽素A对耐甲氧西林金黄色葡萄球菌外排系统的抑制作用 [D].大连：辽宁师范大学，2014.

[75] 李睿明，雷朝霞.细菌耐药性对抗策略——中药延缓、逆转细菌耐药性，治疗耐药细菌感染的研究 [J].医学与哲学（临床决策论坛版），2006，27（8）：45-47.

[76] ADZITY F，ALI G R，HUDA N，et al. Prevalence，Antibiotic Resistance and Genetic Diversity of Listeria Monocytogenes Isolated from Ducks，Their Rearing and Processing Environments in Penang，Malaysia [J]. Food Control，2013，32（2）：607-614.

[77] GUAN X Z，XUE X Y，LIU Y X，et al. Plasmid-Mediated Quinolone Resistance-Current Knowledge and Future Perspectives [J]. J Int Med Res，2013，41（1）：20-30.

[78] ISMAIL R，ALLAUDIN Z N，LILA M. Scaling-up Recombinant Plasmid DNA for Clinical Trial：Current Concern，Solution and Status [J]. Vaccine，2012，30（41）：5914-5920.

[79] LOOFT T，JOHNSON T A，ALLEN H K，et al. In-Feed Antibiotic Effects on the Swine Intestinal Microbiome [J]. Proceedings of the National Academy of Sciences of the USA，2012，109（5）：1691-1696.

[80] 张文波，李宏睿，邓舜洲，等.鸡源大肠杆菌强毒株耐药基因的定位及耐药质粒消除 [J].中国畜牧兽医，2012，39（5）：48-51.

[81] 王永芬，席磊，边传周，等.猪致病性大肠杆菌耐药质粒检测及其中药消除作用研究 [J].中国预防兽医学报，2011，33（12）：932-935.

[82] 项裕财.大蒜芦荟液消除R质粒的实验研究 [J].皖南医学院学报，2011，30（6）：447-449.

[83] ZSUZSANNA S, JOSEPH M, JUDIT J H. Antimicrobial and Antiplasmid Activities of Essential Oils [J]. Fitoterapia, 2006, 77 (4): 279-285.

[84] 汪德刚, 邢钊, 张志远, 等.中草药防治鸡大肠杆菌病的试验 [J].养禽与禽病防治, 2002 (9): 14-15.

[85] 李健, 李梦云, 薛帮群, 等.中草药添加剂在牛生产中的应用进展 [J].中国奶牛, 2011, 21 (20): 49-53.

[86] 任玲玲.中药"连黄"对大肠埃希菌耐药基因 AcrA 影响的初步研究 [D].延吉: 延边大学, 2010.

[87] 鞠洪涛, 韩文瑜, 王世若, 等.中草药消除大肠埃希氏菌耐药性及耐药质粒的研究 [J].中国兽医科技, 2000, 30 (3): 27-29.

[88] 李娟, 李晓东, 杨丽霞, 等.单味中药体外抑菌活性的研究进展 [J].中国实验方剂学杂志, 2011, 17 (11): 283-286.

[89] 朱丽娜, 韩克光.猪致病性大肠杆菌的分离鉴定及药敏试验 [J].畜禽业, 2015 (7): 14-15.

[90] 王利勤, 王晶钰, 董睿, 等.鸡源致病性大肠埃希菌中氨基糖苷类抗生素耐药基因的检测 [J].动物医学进展, 2012, 33 (7): 49-53.

[91] 曲志娜, 张颖, 李玉清, 等.鸡、猪大肠杆菌 ESBLs 基因型检测及耐药性分析 [J].中国农学通报, 2013, 29 (8): 50-54.

[92] VINCENT P, LORIANNE VF, PETER S et al. Microarray-Based Detection of 90 Antibiotic Resistance Genes of Gram-Positive Bacteria [J]. Journal of Clinical Microbiology, 2005, 43 (5): 2291-2302.

[93] SENGELOV G, HALLING-SORENSEN B, AARESTRUP F M. Susceptibility of *Escherichia coli* and *Enterococcus faecium* Isolated from Pigs and Broiler Chickens to Tetracycline Degradation Products and Distribution of Tetracycline Resistance Determinants in *E. coli* from Food Animals [J]. Veterinary Microbiology, 2003, 95 (1-2): 91-101.

[94] GUILLAUME G, VERBRUGGE D, CHASSEUR-LIBOTTE M, et al. PCR Typing of Tetracycline Resistance Determinants (TetA-E) in *Salmonella Enterica* Serotype Hadar and in the Microbial Community of Activated Sludges from Hospital and Urban Waste Water Treatment Facilities in Belgium [J].

FEMS Microbiol Ecol, 2000, 32 (1): 77-85.

[95] MAIDEN M C. Horizontal Genetic Exchange, Evolution, and Spread of Antibiotic Resistance in Bacteria [J]. Clin Infect Dis, 1998, 27 (Supplement): S12-S20.

[96] PALMER K L, KOS V N, GILMORE MS. Horizontal Gene Transfer and the Genomics of Enterococcal Antibiotics Resistance [J]. Curr Opin Microbiol, 2010, 13 (5): 632-639.

[97] 刘荣欣, 鲁改儒, 郭吉勇. 中药及其组方对大肠杆菌的体外抑菌试验 [J]. 安徽农业科学, 2011, 39 (4): 2265-2267.

[98] 曹翠萍, 宁海强, 位朋, 等. 中药与抗菌药物联用对大肠杆菌抑制作用的研究 [J]. 西南农业学报, 2008, 21 (1): 217-219.

[99] 司红彬, 梁松林, 许桂芹, 等. 4味中药及其与抗菌药的复方制剂的MIC测定 [J]. 中国兽药杂志, 2006, 40 (2): 31-34.

[100] 张传津, 都业良, 彭媛芳, 等. 6种中药提取物消除大肠杆菌耐药性的研究 [J]. 山东畜牧兽医, 2012, 33 (7): 8-10.

[101] 程锐, 邹佳妤, 李子佳, 等. 中兽医药防治鸡大肠杆菌病应用 [J]. 中兽医医药杂志, 2014, 33 (6): 75-76.

[102] 吴清民. 兽医传染病学 [M]. 北京: 中国农业大学出版社, 2002.

[103] H. J. Moro witz, 周韧刚. 大肠杆菌名字的由来 [J]. 世界科学, 1991, 13 (6): 56-58.

[104] 成大荣, 朱善元. 大肠杆菌与仔猪疾病 [J]. 猪业科学, 2008, 25 (8): 26-29.

[105] 陆承平. 兽医微生物学 [M]. 4版. 北京: 中国农业出版社, 2007.

[106] 吕雄杰. 肉鸡大肠杆菌病的病性特征及其防治 [J]. 中国畜禽种业, 2017, 33 (8): 149.

[107] 张承玲, 王文, 徐文杰. 1995~2010年滕州市腹泻病人致泻性大肠杆菌检测结果分析 [J]. 预防医学论坛, 2011, 17 (8): 727-728.

[108] WANG-YE X U, CHEN F, XIN-YUAN Q, et al. Isolation and Pathogenicity of 34 Strains of *Escherichia coli* from Chickens [J]. Chinese Journal of Animal Infectious Diseases, 2016, 24 (4): 41-47.

[109] YUAN C W, LIU W X, HOU J L, et al. Prevalence of Pathogenicity Island ETT2 in Escherichia coli Isolated from Piglets with Diarrhea in Northeast of China [J]. Polish Journal of Veterinary Sciences, 2018, 21 (1): 5-12.

[110] COOLS P. The Role of Escherichia coli, in Reproductive Health: State of the art [J]. Research in Microbiology, 2017, 102 (2): 892-901.

[111] MOBLEY H L T, ALTERI C J. Development of a Vaccine against Escherichia coli Urinary Tract Infections. [J]. Pathogens, 2016, 5 (1): 21-26.

[112] ZHAOYUN X, YUN X, JING S, et al. Clinical Features of TB Patients with Lower Respiratory Tract Infection by Escherichia coli and its Drug Resistance [J]. Chinese Journal of Microecology, 2016, 28 (10): 1161-1164.

[113] 崔树玉, 孙启华, 孟蔚, 等. 鲁西南地区 O_{157} 大肠杆菌动物宿主带菌情况调查 [J]. 预防医学文献信息, 2004, 10 (2): 135-137.

[114] 纪广林, 常英. 禽大肠杆菌病 [J]. 畜牧兽医科技信息, 2012, 28 (4): 103.

[115] LUTFUL KABIR S M. Avian Colibacillosis and Salmonellosis: a Closer Look at Epidemiology, Pathogenesis, Diagnosis, Control and Public Health Concerns [J]. International Journal of Environmental Research and Public Health, 2010, 7 (1): 89-114.

[116] 宋立, 宁宜宝, 张秀英, 等. 中国不同地区家禽大肠杆菌血清型分布和耐药性比较研究 [J]. 中国农业科学, 2005, 38 (7): 1466-1473.

[117] HOANG P H, AWASTHI S P, NGUYEN P D, et al. Antimicrobial Resistance Profiles and Molecular Characterization of Escherichia coli Strains Isolated from Healthy Adults in Ho Chi Minh City, Vietnam [J]. Journal of Veterinary Medical Science, 2017, 79 (3): 479-485.

[118] MATSUMURA Y, NOGUCHI T, TANAKA M, et al. Population Structure of Japanese Extraintestinal Pathogenic Escherichia coli and its Relationship with Antimicrobial Resistance [J]. Journal of Antimicrobial Chemotherapy, 2017, 72 (4): 1040-1049.

[119] ALYAMANI E J, KHIYAMI A M, BOOQ R Y, et al. The Occurrence of

ESBL-Producing *Escherichia coli* Carrying Aminoglycoside Resistance Genes in Urinary Tract Infections in Saudi Arabia [J]. Annals of Clinical Microbiology & Antimicrobials, 2017, 16 (1): 1.

[120] 乔健.不能忽视的条件致病菌——大肠杆菌 [J]. 北方牧业, 2016, 14 (10): 9.

[121] 黄美峰, 胡艳.家禽大肠杆菌致病机理与防治措施 [J]. 江西畜牧兽医杂志, 2017, 36 (6): 54-55.

[122] 赵素华, 范红结.皖北地区禽源大肠杆菌的血清型鉴定与耐药性分析 [J]. 畜牧与兽医, 2017, 49 (4): 95-98.

[123] 张召兴, 张香斋, 李蕴玉, 等.鸡致病性 E.coli 地方株血清型的鉴定、毒力基因及致病性检测 [J]. 中国兽医学报, 2017, 37 (12): 2260-2265.

[124] 徐海军, 吴其翠, 左瑞华.六安地区禽源致病性大肠杆菌血清型组成调查 [J]. 黑龙江畜牧兽医, 2017, 60 (8): 111-114.

[125] 夏培刚.牛大肠杆菌病的诊断及综合治疗 [J]. 养殖技术顾问, 2011, 39 (7): 147.

[126] 孙洪权.羔羊大肠杆菌病的流行特点、临床症状、诊断及防控 [J]. 现代畜牧科技, 2018, 46 (1): 93.

[127] 孙畅, 牛银杰, 尹海畅, 等.鸭致病性大肠杆菌研究进展 [J]. 黑龙江畜牧兽医, 2017, 60 (8): 72-77.

[128] 李富金.鸡致病性大肠杆菌的传播途径及防治对策 [J]. 中国家禽, 2004, 26 (9): 19-20.

[129] 刘正明, 李金泉, 黄德浩, 等.内蒙古地区羊源大肠杆菌耐药性研究 [J]. 中国畜牧兽医, 2017, 44 (3): 839-846.

[130] 黎文君.大肠埃希菌临床分离株的耐药性分析 [J]. 国际检验医学杂志, 2017, 38 (17): 2362-2364.

[131] 坤清芳, 耿毅, 余泽辉, 等.兔源大肠杆菌对喹诺酮药物耐药性及质粒介导的耐药基因检测 [J]. 中国预防兽医学报, 2016, 38 (12): 944-948.

[132] 于静晨, 王虹, 李鑫, 等.53株禽致病性大肠杆菌的耐药表型及耐药基因的检测 [J]. 畜牧与兽医, 2017, 49 (5): 134-141.

[133] KUMARASAMY K K, TOLEMAN M A, WALSH T R, et al. Emergence

of a New Antibiotic Resistance Mechanism in India, Pakistan, and the UK: a Molecular, Biological, and Epi-Demiological Study [J]. Lancet Infect Dis, 2010, 10（9）: 597-603.

[134] SCHWARZ S, LOEFFLER A, KADLEC K. Bacterial Resistance to Antimicrobial Agents and its Impact on Veterinary and Human Medicine [M] Advances in Veterinary Dermatology. John Wiley & Sons, Ltd, 2017.

[135] 张泽辉, 宋雪娇, 黄程程, 等.细菌的获得性耐药机制研究进展 [J].动物医学进展, 2017, 38（1）: 74-77.

[136] HARRISON E, BROCKHURST M A. Plasmid-Mediated Horizontal Gene Transfer is a Coevolutionary Process [J]. Trend Microbiol, 2012, 20（6）: 262-267.

[137] 邵莉萍, 张继瑜.喹诺酮类药物的抗菌活性与细菌耐药性研究进展 [J].中国畜牧兽医, 2017, 44（9）: 2773-2782.

[138] SINGH S, SINGH S K, CHOWDHURY I, et al. Understanding the Mechanism of Bacterial Biofilms Resistance to Antimicrobial Agents [J]. Open Microbiology Journal, 2017, 11（1）: 53-62.

[139] AHMAD I, NAWAZ N, DERMANI F K, et al. Bacterial Multidrug Efflux Proteins: A Major Mechanism of Antimicrobial Resistance [J]. Current Drug Targets, 2018, 19（1）: 34-39.

[140] SHRESTHA A, BAJRACHARYA A M, SUBEDI H, et al. Multi-Drug Resistance and Extended Spectrum Beta Lactamase Producing Gram Negative Bacteria from Chicken Meat in Bharatpur Metropolitan, Nepal [J]. Bmc Research Notes, 2017, 10（1）: 574-579.

[141] 谢大泽, 湛学军, 舒向荣, 等.五倍子等中药及其组方对女性生殖道感染厌氧菌耐药菌株体外抗菌活性的影响 [J]. 中国妇幼保健, 2018, 33（10）: 2199-2203.

[142] 赵军.中药材黄芩对幽门螺杆菌体外抗菌活性的作用分析 [J].中国现代药物应用, 2017, 11（8）: 195-196.

[143] 王玲, 郭志廷, 杨峰, 等.中药常山散的体外抑菌作用研究 [J].中国畜牧兽医, 2017, 44（2）: 594-600.

［144］李钰乐，方毅，李亚婷，等.秦皮等 10 种中药对白色念珠菌抑制作用的体外实验研究［J］.延安大学学报（医学科学版），2017，15（2）：53-55.

［145］吴秋云，黄琳，皮真，等.中草药抑菌作用及其机制研究进展［J］.中兽医医药杂志，2018，37（1）：25-29.

［146］朴喜航，艾红佳.中药抗菌成分及其抗菌机制的研究进展［J］.吉林医药学院学报，2017，38（6）：445-447.

［147］吴晶.中药抗真菌的活性筛选及作用机制研究［D］.上海：第二军医大学，2017.

［148］曹俊敏，曹毅，杨雪静，等.黄连解毒汤对白色念珠菌的抗真菌作用研究［J］.浙江临床医学，2015，17（5）：721-722.

［149］吴蕊，许礼发，叶松.10 种中药对致病性大肠杆菌 O_{86}：H_2 体外抗菌活性的实验观察［J］.实用医技杂志，2008，15（8）：1008-1010.

［150］任书青，曹德英，杨继章，等.五倍子、黄芩和黄连联合应用对 MRSA 的体外抗菌活性研究［J］.中国药房，2010，21（3）：198-199.

［151］黄秀深，蒋通荣，吴施国，等.黄连配伍黄芩对幽门螺旋杆菌所致胃炎的抗菌研究［C］.中华中医药学会方剂学分会 2007 年年会论文集，2007.

［152］华国强.小檗碱抑菌特点及抑菌机制的初步研究［D］.山东大学，2005.

［153］云宝仪.黄芩素对 MRSA 抑菌活性及其机制的初步研究［D］.辽宁师范大学，2013.

［154］王海涛，王倩，谢明杰.大豆异黄酮对金黄色葡萄球菌的抑菌机制研究［J］.中国农业科学，2009，42（7）：2586-2591.

［155］曹敏.天然 β-内酰胺酶抑制剂的筛选研究［D］.贵州大学，2016.

［156］罗芬芳.黄藤素、没食子酸增加 β-内酰胺类抗生素对产 ESBLs 大肠埃希菌的敏感性及其作用机理初步探讨［D］.江西农业大学，2013.

［157］陈群，陈南菊，王胜春.黄连对大肠杆菌 R 质粒消除作用的实验研究［J］.中国中西医结合杂志，1996，16（1）：37-38.

［158］韦嫄，谭艾娟，吕世明，等.中药消除致病性大肠杆菌耐药性的研究［J］.江苏农业科学，2017，39（11）：127-129.

［159］高迎春，魏秀丽，张传津，等.地锦草等中药提取物对大肠杆菌耐药消除作用的初步研究［J］.中国兽药杂志，2010，44（11）：12-16.

[160] 刘金平，吕世明，谭艾娟，等.中药提取物恢复耐药大肠杆菌对氨基糖苷类药物敏感性的研究 [J].畜牧与兽医，2018，50（3）：107-111.

[161] 芦亚君.中药逆转大肠埃希菌对 β-内酰胺类抗生素耐药性的实验研究 [D].兰州大学，2007.

[162] 任玲玲，鞠玉琳，平家奇，等.中药复方制剂对大肠埃希菌多重耐药基因 AcrA-mRNA 表达水平的影响 [J].湖北农业科学，2010，49（2）：257-259.

[163] 舒刚，马驰，黄春，等.4种中药复方对大肠杆菌、沙门氏菌 R 质粒的消除作用 [J].河南农业科学，2013，42（11）：149-153.

[164] 张石磊，翟向和，王春光，等.小檗碱对禽源大肠杆菌抑菌作用及耐药消除作用的转录组学分析 [J].中国畜牧兽医，2017，44（5）：1518-1525.

[165] 芦亚君，程宁.3 种中药方剂对大肠埃希菌超广谱 β-内酰胺酶的抑制作用 [J].中国医院药学杂志，2010，30（13）：1097-1100.

[166] 乐小丽，曾杨梅，陈红伟，等.粉防己提取液对大肠埃希菌 AcrAB-TolC 外排泵调控基因的影响研究 [J].西南大学学报（自然科学版），2017，39（3）：28-33.

[167] 刘坤友，周艳，陈桂生，等.苦丁茶和小飞扬草对多重耐药性大肠杆菌外排泵 acrA 基因表达的影响 [J].广西医学，2016，38（2）：207-210.

[168] 杭永付，薛晓燕，方芸，等.中药抗菌和逆转耐药作用机制研究进展 [J].中国药房，2011，22（47）：4504-4507.

[169] 孙静，冶冬阳，王旭荣，等.防治奶牛乳房炎中药组方的筛选及其抑菌杀菌作用研究 [J].中国畜牧兽医，2018，45（7）：1990-2000.

[170] WALAA M S，SAMAH G，HATEM M E S，et al. In Vitro Antibiotic Resistance Patterns of Pseudomonas spp. Isolated from Clinical Samples of a Hospital in Madinah，Saudi Arabia [J]. African Journal of Microbiology Research，2018，12（1）：19-26.

[171] 二十国集团领导人杭州峰会公报 [J]. 中国经济周刊，2016，13（36）：98-105.

[172] SCHWARZ S，LOEFFLER A，KADLEC K. Bacterial Resistance to Antimicrobial Agents and its Impact on Veterinary and Human Medicine [M]. Ad-

vances in Veterinary Dermatology. 2017.

［173］LYU S， GUO G， LING M O， et al. Research Progress in Prevention and Treatment of Bacterial Diseases by Traditional Chinese Medicine ［J］. Agricultural Biotechnology， 2016， 15（4）： 38-41.

［174］ZHANG P， WANG J， WANG W， et al. Astragalus Polysaccharides Enhance the Immune Response to Avian Infectious Bronchitis Virus Vaccination in Chickens ［J］. Microbial Pathogenesis， 2017， 111（10）： 81-85.

［175］崔煦然， 赵京霞， 郭玉红， 等. 细菌耐药背景下中药抗菌作用研究进展［J］. 世界中医药， 2016， 11（10）： 1940-1944.

［176］李娟， 张学顺， 傅春升. 中药抗菌作用的研究进展［J］. 中国药业， 2014， 23（2）： 90-93.

［177］张召兴， 肖丽荣， 李巧玲， 等.26味中药对狐源致病性大肠埃希菌地方株体外抑菌试验［J］.动物医学进展， 2018， 39（2）： 127-130.

［178］陈薇， 曾艳， 贺月林， 等.20种中草药体外抑菌活性研究［J］.中兽医医药杂志， 2010， 29（3）： 34-37.

［179］谭田平， 朱翠明.细菌耐药性消除的研究进展［J］.微生物学免疫学进展， 2013， 41（1）： 88-90.

［180］李科， 张德纯.细菌耐药机制及耐药性消除的研究进展［J］.中国微生态学杂志， 2014， 26（8）： 984-986.

［181］HUANG B W， HUANG Z P， GUAN X. Transformation of *Escherichia coli* and *Bacillus thuringiensis* and their Plasmid Curing by Electroporation ［J］. Journal of Fujian Agricultural University， 1999， 28（1）： 765-772.

［182］邱进杰， 罗艳秋， 细菌耐药质粒消除剂研究进展［J］.家禽科学， 2009， 10（4）： 39-42.

［183］KLITGAARD J K， SKOV M N， KALLIPOLITIS B H， et al. Reversal of Methicillin Resistance in Staphylococcus Aureus by Thioridazine ［J］. Journal of Antimicrobial Chemotherapy， 2008， 62（4）： 1215-1221.

［184］李栋.禽源大肠杆菌质粒介导氟喹诺酮类耐药基因的检测及中药消除耐药性研究［D］.扬州大学， 2015.

[185] 宋芳娇, 曾克武, 王学美.中药复方有效成分组相关研究方法的研究进展 [J].环球中医药, 2012, 5（12）: 951-955.

[186] 朱芹, 王成, 李群, 等.中兽医学发展史 [J].中兽医医药杂志, 2012, 31（2）: 77-80.

[187] 陈恩保, 刘文利.当前我国兽药剂型的现状与发展对策 [J].山东畜牧兽医, 2015, 36（7）: 63-65.

[188] 梁剑平, 张应禄, 李滋睿.兽用中草药研究开发展望 [J].动物科学与动物医学, 2004（9）: 1-3.

[189] 郭用庄, 翟旭峰, 廖彩震, 等.试论中药配方颗粒质量标准的控制 [J].世界科学技术, 2002（4）: 55-57+83.

[190] 涂瑶生, 毕晓黎, 罗文汇.中药配方颗粒的质量控制研究 [J].世界科学技术（中医药现代化）, 2011, 13（1）: 41-46.

[191] 孙源源, 施萍.借助中药配方颗粒推进中药国际化的对策研究 [J].中草药, 2013, 44（8）: 929-934.

[192] 王一战, 苏芮, 韩经丹, 等.中药配方颗粒的发展现状及思考 [J].上海中医药杂志, 2016, 50（11）: 10-13.

[193] 王智民, 叶祖光, 肖诗鹰, 等.对中药配方颗粒发展的几点建议和应用前景分析 [J].中国中药杂志, 2004（1）: 5-7.

[194] 张保国, 王学礼, 刘庆芳.中药颗粒剂研究的现状与发展动态 [J].中国药学杂志, 2000（7）: 57-59.

[195] 曾威, 孙玉梅, 马丰英, 等.体外抗猪流行性腹泻病毒中药提取物的筛选 [C]//中国畜牧兽医学会动物传染病学分会、 解放军军事科学院军事医学研究院.中国畜牧兽医学会动物传染病学分会第九次全国会员代表大会暨第十七次全国学术研讨会论文集.贵阳: 中国畜牧兽医学会动物传染病学分会、 解放军军事科学院军事医学研究院, 2017: 77.

[196] 郭亚楠, 侯林, 赵增任.芩黄颗粒提取工艺研究 [J].中国兽药杂志, 2013, 47（9）: 21-24.

[197] 张聪, 赵秋君, 张阁.高效液相色谱法测定芩黄颗粒中甘草酸的含量 [J].中国兽药杂志, 2014, 48（3）: 47-49.

[198] 张斐姝, 蔡舒婷, 舒忻, 等.中药配方颗粒的临床运用概况与未来趋势

［J］. 中国医药导报, 2016, 13（16）: 70-73.

［199］贺爱玲.中药配方颗粒临床应用现状分析及展望［J］.中国药事, 2017, 31
（10）: 1205-1209.

［200］陈天朝.中药配方颗粒制备工艺研究思路［J］.中国药业, 2003（7）: 23-25.

［201］王美玲.中药颗粒剂质量标准的研究［J］.黑龙江科学, 2014, 5（3）: 98.

［202］张义虎.中药配方颗粒的生产、质量控制和临床应用［A］.中国中西医结合学
会中药专业委员会.2007年中华中医药学会第八届中药鉴定学术研讨会、2007
年中国中西医结合学会中药专业委员会全国中药学术研讨会论文集［C］.中国
中西医结合学会中药专业委员会, 2007: 2.

［203］郝云芳, 倪艳, 李先荣.中药配方颗粒的质量控制方法研究进展［J］.药物评
价研究, 2013, 36（4）: 307-310.

［204］王帆.复方白芍颗粒的制备及质量控制研究［D］.安徽中医药大学, 2013.

［205］袁天荣.芪丹颗粒的制备工艺与质量标准研究［D］.山东中医药大学, 2014.

［206］宣铁锋.银黄颗粒质量标准研究［J］.中国药业, 2006（5）: 52-53.

［207］金陵, 陈一帆.中药提取车间的设计［J］.现代应用药学, 1988（2）:
24-26.

［208］洪小栩, 许华玉, 尚悦, 等.2015年版《中国药典》四部增修订概况［J］.
中国药学杂志, 2015, 50（20）: 1782-1786.

［209］周国海, 于华忠, 李国章, 等.TLC法测定虎杖中白藜芦醇的含量［J］.湖
南林业科技, 2005（3）: 11-13.

［210］蒋轶伦, 李伟, 庄崎厦, 等.薄层色谱指纹图谱在丹参药材质量评价中的应
用研究［J］.厦门大学学报（自然科学版）, 2005（6）: 67-71.

［211］尹丽, 宗兰兰, 蒲晓辉, 等.薄层色谱法在药物分析中的应用［J］.河南大
学学报（医学版）, 2016, 35（2）: 77-80.

［212］ZHOU Jun, TAN Ninghua. Application of a New TLC Chemical Method for
Detection of Cyclopeptides in Plants［J］. Chinese Science Bulletin, 2000
（20）: 1825-1831.

［213］ESEN B A, BEKIR K. Identification, Synthesis and Characterization of
Process Related Impurities of Benidipine Hydrochloride, Stress-Testing/
Stability Studies and HPLC/UPLC Method Validations［J］. Journal of Phar-

maceutical Analysis, 2015, 5（4）: 256-268.

[214] 李斌, 吕文军. TLC 法和 HPLC 法分析关黄柏与川黄柏区别 [J]. 黑龙江医药, 2009, 22（1）: 31-33.

[215] 刘兴金, 张晓会, 李兴国等. 芩黄颗粒对人工感染鸡传染性支气管炎的预防试验 [J]. 国外畜牧学（猪与禽）, 2009, 29（5）: 72-73.

[216] CONCORD O X, WILDSCHUTTE H, KIRKUP B, et al. Ecological Populations of Bacteria Act as Socially Cohesive Units of Antibiotic Production and Resistance [J]. Science, 2012, 3 37（6099）: 1228-1231.

[217] 汤迎春. 兽医临床抗生素的合理应用 [J]. 甘肃畜牧兽医, 2016, 46（13）: 49-50.

[218] 李永秋, 周贵德. 抗生素在兽医临床上应用存在的问题及其对策 [J]. 现代畜牧科技, 2012（4）: 243.

[219] 石云. 浅谈临床兽医抗生素的使用 [J]. 兽医导刊, 2017（2）: 185.

[220] WALLMANN J. Antimicrobial Resistance: Challenges Ahead [J]. Veterinary Record, 2014, 175（13）: 323-324.

[221] HO T Y, LO H Y, LI C C, et al. In Vitro and in Vivo Bioluminescent Imaging to Evaluate Anti-Escherichia coli Activity of Galla Chinensis [J]. Bio-Medicine, 2013, 3（4）: 160-166.

[222] 吕正涛, 牟子君. 中药复方制剂的体外抗菌活性研究 [J]. 中医药学报, 2013, 41（4）: 72-75.

[223] RICE L B. Antimicrobial Resistance in Gram-Positive Bacteria [J]. American Journal of Infection Control, 2006, 34（5）: 11-19.

[224] 张莉, 吴润, 刘磊. 22 种中草药对畜禽常见肠道病原菌的体外抑菌作用 [J]. 甘肃农业大学学报, 2012, 47（5）: 7-11.

[225] 周贵邦. 中兽药在兽医临床应用及发展前景 [J]. 中兽医学杂志, 2017（5）: 78-79.

[226] 夏委. 中药有效成分提取方法研究进展 [J]. 中国药业, 2016, 25（9）: 94-96.

[227] 孟宪群, 王知斌, 梁珊珊, 等. 微波萃取技术在提取多糖方面的应用 [J]. 化学工程师, 2017（11）: 52-54.

［228］尹永芹，　沈志滨.中药化学成分提取分离方法的研究进展［J］.中国药业，
2012，21（2）：19-21.

［229］张淑香，王术平，田伟，等.中药有效成分现代提取技术研究进展［J］.吉
林中医药，2016（2）：191-193.

［230］SMITH J L，　FRATAMICO P M，　GUNTHER N W. Extraintestinal Pathogen-
ic Escherichia coli［J］.Foodborne Pathogens and Disease，2007，4
（2）：134-163.

［231］MARTINEZMEDINA M，　MORA A，　BLANCO M，　et al. Similarity and Di-
vergence among Adherent-Invasive Escherichia coli and Extraintestinal Path-
ogenic E. coli Strains［J］.Journal of Clinical Microbiology，2009，47
（12）：3968-3979.

［232］DOBRINDT U，　HACKER J. Targeting Virulence Traits：Potential Strate-
gies to Combat Extraintestinal Pathogenic E. coli Infections［J］.Current O-
pinion in Microbiology，2008，11（5）：409-413.

［233］韩春.猪源致病性大肠杆菌的流行调查及药敏实验［J］.中国畜禽种业，2014
（1）：113-115.

［234］姚淑红.猪大肠杆菌病及其流行特点［J］.山东畜牧兽医，2016，37
（6）：32.

［235］朴喜航，　艾红佳.中药抗菌成分及其抗菌机制的研究进展［J］.吉林医药学院
学报，2017，38（6）：445-447.

［236］杨明，陶蕾，王文，等.黄芩中黄芩苷的正交提取工艺及体外抑菌活性研究
［J］.中兽医医药杂志，2011，30（3）：43-45.

［237］胡立磊，　郭永刚，　樊克锋.金银花提取物对大肠杆菌体外抑菌试验［J］.中兽
医学杂志，2016（5）：22-23.

［238］陈茜.金银花中绿原酸成分的提取方法分析研究［J］.中国中医药现代远程教
育，2018，16（5）：88-90.

［239］李杰，陈道鸽，王兵兵，等.水热法提取金银花中绿原酸的工艺研究［J］.
食品研究与开发，2018（2）：62-67.

［240］康旭，李冬生，邓川，等.金银花提取液抑菌活性的研究［J］.安徽农业科
学，2010，38（27）：14935-14936.

［241］郑艳红，常艳芬，周玉枝，等.黄芩中黄芩苷提取精制工艺研究［J］.山西医科大学学报，2015，46（11）：1106-1110.

［242］张琳，周化更，刘沛，等.黄芩药材中黄芩苷的提取纯化工艺优化［J］.河北医学，2016，22（2）：177-180.

［243］王悦，董荟慧，李有，等.13味中药对鸡大肠杆菌的抑菌试验［J］.中国兽医杂志，2013，49（11）：43-45.

［244］阮武营，张俊婷，黄宗梅等.金银花提取物的体外抑菌试验［J］.河南畜牧兽医：综合版，2016，37（7）：12-13.

［245］段凯文，欧阳清芳，陈秀琴，等.银黄止咳颗粒体外抑菌和抗炎作用的试验研究［J］.中国畜牧兽医，2014，41（6）：251-254.

［246］杨雪景.猪腹泻的辨证论治［J］.中兽医医药杂志，2004，23（5）：35-36.

［247］郑艳明，黄培祥.仔猪腹泻的辨证论治［J］.福建畜牧兽医，1995（4）：26-27.

［248］黄雨林.四逆汤灌肠治疗仔猪腹泻［J］.畜禽业，2017，28（4）：63-64.

［249］段永团，姬淑娟，盛继春.浅析五苓散在猪冬季流行性腹泻防治中的应用［J］.中国畜牧兽医文摘，2017（3）234.

［250］董世山，蔡辉益，刘作华，等.几种中药复方提取物对仔猪腹泻的防治作用及相关机理［J］.中国农业大学学报，2005（3）：60-64.

［251］杨云乔，郑建高，姜军华，等.复方中药治疗流行性腹泻病毒感染猪的消化道黏膜电镜观察及相关酶检测［J］.江苏农业科学，2017（17）：159-163.

［252］杨云乔，郑建高，姜军华，等.复方中药对猪流行性腹泻的治疗效果［J］.中国兽医学报，2017，37（7）：1353-1358.

［253］刘衍芬，李艳飞，鄂禄祥.中药复方对人工感染猪流行性腹泻病毒仔猪的治疗效果研究［J］.黑龙江畜牧兽医，2016（18）：155-158.

［254］尹宝英.自拟中药复方治疗猪流行性腹泻效果研究［J］.黑龙江畜牧兽医，2014（22）：99-100.

［255］尹宝英，吴旭锦，张文娟.中药复方调节猪流行性腹泻免疫效果研究［J］.陕西农业科学，2014（8）：32-33.

［256］任显东.浅析猪大肠杆菌病的中药诊治［J］.中国猪业，2018（1）：57-58.

［257］张赛奇，王米，杨锐乐，等.15种中药对猪大肠杆菌的体外抑菌试验［J］.

黑龙江畜牧兽医，2015（3）：163-165.

［258］陈兵.中药复方健脾止泻散对仔猪流行性腹泻防治效果研究［D］.湖南农业大学，2014.

［259］方向红，王永娟.抗猪大肠杆菌病中药的筛选和效果研究［J］.西南农业学报，2013，26（4）：1744-1746.

［260］王俊丽，张要齐，孙雪峰，等.18种中药对猪大肠杆菌的体外抑菌活性的测定方法比较［J］.安徽农业科学，2012，40（26）：12947-12948.

［261］段明房，胡红伟，闫凌鹏，等.中草药益生菌复合制剂对生长猪血液常规、血清生化和血清免疫指标的影响［J］.中国饲料，2018（3）：54-59.

［262］王自然.中药组方对猪大肠杆菌病的抑菌及临床治疗试验［J］.中国兽医杂志，2006，42（2）：33-34.

［263］苏占涛.中药黄芪和苦参对猪附红细胞体病的预防效果［J］.山东畜牧兽医，2010，31（12）：44.

［264］贺红涛.中药防治猪蛔虫病及研究现状［J］.兽医导刊，2015（16）：148.

［265］符式群，刘海隆.中药万应散对猪蛔虫驱虫效果观察［J］.中兽医学杂志，2019（4）：10.

［266］李强华，汪秀菊.猪弓形虫病的原因及中药治疗研究［J］.畜禽业，2018，29（11）：78-79.

［267］焦安奎，李宜华，秦甜甜.中西药结合治疗猪弓形虫病进展［J］.中国畜禽种业，2019，15（4）：159-160.

［268］姚永琴.猪弓形虫病的中西药结合治疗作用探讨［J］.畜禽业，2017（11）：83.

［269］马超锋.中药治疗猪弓形虫病效果研究［J］.猪业科学，2016，33（7）：66-67.

［270］刘馨忆.中西药结合治疗猪弓形虫病的效果对比［J］.甘肃畜牧兽医，2016，46（10）：86-87.

［271］李献军.中药对离体猪蛔虫的疗效研究［J］.现代农业科技，2011（11）：328.

［272］颜友荣，陈琳，戴丽红.猪弓形虫病的中西药结合治疗效果［J］.江苏农业科学，2012，40（7）：197-199.

[273] 张步彩.泰州地区猪弓形虫血清流行病学调查及中药治疗急性感染弓形虫小鼠效果的研究 [D].扬州大学，2015.

[274] 张步彩，陶建平，蒋春茂，等.5种中药对急性感染弓形虫小鼠的治疗效果 [J].中国兽医学报，2015，35（7）：1103-1111.

[275] 王明周.中药复方对断奶腹泻仔猪肠道发育和肝脏抗氧化指标的影响研究 [D].西南大学，2014.

[276] 王艳丰，张丁华，李爱心，等.我国部分地区猪流行性腹泻、传染性胃肠炎及猪轮状病毒感染的流行现状及防控措施 [J].动物医学进展，2018，39（6）：121-125.

[277] 龚金秋，龚佳望，龚超.冬春两季中药治疗初生仔猪腹泻方案探讨 [J].湖南畜牧兽医，2015（6）：28-29.

[278] 胡新岗，黄银云，王冬梅，等.中药卵黄免疫球蛋白复合制剂防治仔猪大肠杆菌性腹泻 [J].江苏农业学报，2010，26（6）：1277-1282.

[279] 颜诚，王凯，何永明，等.复方中药母源疗法对哺乳期仔猪生长性能和腹泻的影响 [J].动物医学进展，2012，33（1）：128-130.

[280] 石海仁，滚双宝，张生伟，等.杜仲叶对育肥猪生长性能、胴体性状、抗氧化能力及肠道菌群的影响 [J].动物营养学报，2018，30（1）：350-359.

[281] 敖维平，刘强军.复方中药制剂预防断奶仔猪腹泻的试验 [J].饲料研究，2010（12）：41-43.

[282] 郭洪梅.健脾益胃散预防仔猪腹泻效果与分析 [J].中国兽医杂志，2013，49（9）：54-55.

[283] 刘勇亮.连梅止痢中药制剂对致病性大肠杆菌试验感染仔猪的治疗及其初步应用 [D].四川农业大学，2015.

[284] 谷巍，王丽荣，孙明杰，等.嗜酸乳杆菌发酵中药对产肠毒素大肠杆菌 K88 所致腹泻的防治作用 [J].中国畜牧兽医，2018，45（3）：798-806.

[285] 柴君秀，蔡葵蒸，靳国琴.中药"香参口服液"治疗仔猪腹泻病的效果试验 [J].甘肃畜牧兽医，2002，32（5）：12-13.

[286] 赵娟，白元生，武果桃，等.益气健脾中药对腹泻仔猪小肠黏膜组织结构的影响 [J].中国畜牧兽医，2014，41（11）：252-257.

[287] 杨洪早，王东升，董书伟，等.仔猪腹泻的病因及中药防治研究进展 [J].

动物医学进展, 2016, 37 (10): 89-93.

[288] 钟秀会.《中兽医学实验指导》[M].2版.中国农业出版社, 2002.

[289] 李晶, 柴方红, 周会敏, 等.中药肠氨对仔猪致病性大肠杆菌的体外抑菌试验 [J].饲料研究, 2014 (1): 71-73.

[290] 潘光建, 王达文.中药提取物仔猪安痢口服液对仔猪流行性腹泻的治疗试验报告 [J].当代畜牧, 2014 (35): 83-85.

[300] 樊新平.中药治疗幼畜蛔虫病 [J].中兽医学杂志, 2011 (2): 24-25.

[301] 杨春林, 恒文芳, 张传军, 等.中药二丑对猪蛔虫病的防治试验 [J].广西畜牧兽医, 2013, 29 (3): 162-163.

[302] 杨树森, 杨秀珍, 张新民, 等.120种中药对弓形虫RH株速殖子的体外效应 [J].寄生虫学与寄生虫病杂志, 1983 (4): 21.

[303] 司开卫, 李哲, 程彦斌, 等.扁桃酸对小鼠腹水中假包囊内弓形虫速殖子的作用 [J].西安交通大学学报(医学版), 2004 (1): 42-44.

[304] 冯伟疆.中西药结合治疗猪弓形虫病的效果研究 [J].吉林农业, 2015 (6): 88.

[305] 张学忠.猪弓形虫病中西药结合治疗探讨 [J].中国畜禽种业, 2018, 14 (7): 120-121.

[306] 车清明, 刘根新, 李海前.复方中药提高仔猪免疫功能和防腹泻的试验研究 [J].中兽医学杂志, 2015 (2): 10-11.

[307] 李树, 王鹏飞, 闫尊强, 等.复方中药制剂对防治仔猪腹泻及母猪繁殖性能的影响 [J].甘肃农业大学学报, 2019, 54 (2): 11-16.

[308] 周学玉.复方中药制剂防治断奶仔猪腹泻效果的研究 [J].农技服务, 2008, 25 (5): 82.